# BEI GRIN MACHT SICH IHR
# WISSEN BEZAHLT

- Wir veröffentlichen Ihre Hausarbeit,
  Bachelor- und Masterarbeit

- Ihr eigenes eBook und Buch -
  weltweit in allen wichtigen Shops

- Verdienen Sie an jedem Verkauf

Jetzt bei www.GRIN.com hochladen
und kostenlos publizieren

**Bibliografische Information der Deutschen Nationalbibliothek:**

Die Deutsche Bibliothek verzeichnet diese Publikation in der Deutschen National-bibliografie; detaillierte bibliografische Daten sind im Internet über http://dnb.d-nb.de/ abrufbar.

**Impressum:**

Copyright © 2017 GRIN Verlag, Open Publishing GmbH
Druck und Bindung: Books on Demand GmbH, Norderstedt Germany
ISBN: 9783668458475

**Dieses Buch bei GRIN:**

http://www.grin.com/de/e-book/367388/alternative-rechenverfahren-welche-gibt-es-und-was-sind-ihre-vor-und

Andreas Egger

# Alternative Rechenverfahren. Welche gibt es und was sind ihre Vor- und Nachteile (im Unterricht)?

GRIN Verlag

## GRIN - Your knowledge has value

Der GRIN Verlag publiziert seit 1998 wissenschaftliche Arbeiten von Studenten, Hochschullehrern und anderen Akademikern als eBook und gedrucktes Buch. Die Verlagswebsite www.grin.com ist die ideale Plattform zur Veröffentlichung von Hausarbeiten, Abschlussarbeiten, wissenschaftlichen Aufsätzen, Dissertationen und Fachbüchern.

## Besuchen Sie uns im Internet:

http://www.grin.com/

http://www.facebook.com/grincom

http://www.twitter.com/grin_com

# Alternative Rechenverfahren

## Welche gibt es und was sind ihre Vor- und Nachteile (im Unterricht)

| | |
|---|---|
| **Verfasser/in** | Andreas Egger |
| **Klasse** | 8A |

| | |
|---|---|
| **Schuljahr** | 2016/17 |
| **Abgabe:** | Spittal, am 24.02.2017 |

# Abstract

Schon in der Schule wird uns Österreichern beigebracht, nach einer bestimmten „Mustervorlage" zu rechnen. Diese sogenannten „Standardverfahren" helfen uns ein Leben lang, bei mathematischen Problemen von A nach B zu gelangen. Was den Schülern aber gerne verschwiegen wird: Die Mathematik erlaubt uns, andere Rechenwege zu verwenden, um dasselbe Ergebnis zu erhalten. Solch alternative Rechenverfahren gibt es reichlich und in verschiedensten Ausführungen. Jede hat ihre Vor- und Nachteile und nutzt die Regeln der Mathematik auf unterschiedlichste Weise aus. In dieser vorwissenschaftlichen Arbeit (VwA) werden einige der bekanntesten alternativen Rechenverfahren genau beschrieben und die Vormachtstellung der Standardverfahren näher ergründet. Zudem geben ein Experiment und ein Expertengespräch Ausblick über einen möglichen Einsatz zweier alternativer Rechenverfahren im Unterricht.

# Vorwort

Die alternativen Rechenverfahren lernte ich erstmals während eines Ferialpraktikums im Sommer 2015 kennen, als mein damaliger Arbeitskollege Dominik Hilgartner, welchen ich an dieser Stelle besonders danken möchte, mir die Japanische Multiplikation näherbrachte. Bis dahin war mir nie richtig bewusst, dass andere Menschen auch „anders" rechnen. Für mich galt bis dahin immer der Merksatz: „Mathematik ist überall gleich". Dass das aber eben nicht der Fall ist und die Mathematik zumindest in der Ausführung einen sprachenähnlichen Charakter besitzt, veranlasste mich dazu, tiefer in die Materie einzutauchen.

Mein ausdrücklicher Dank gilt vor allem meinem VwA-Betreuer, Herrn Professor Peter Fleißner, für seine Mithilfe und Ausbesserung von Fehlern, egal ob inhaltlicher oder grammatikalischer Art. Weiters danke ich Lukas Egger für seine Unterstützung beim Erstellen einiger Grafiken und Professor Ernst Hofer für die Beantwortung meiner kleineren inhaltlichen Fragen. Nicht zuletzt gebührt noch meinem ehemaligen Volksschullehrer, Herrn Dieter Walcher, vollster Dank, dass er mir seine 4. Klasse für das Experiment und sich selbst für ein Expertengespräch zur Verfügung gestellt hat.

# Inhaltsverzeichnis

# 1. Einleitung

Es ist schwieriger zu erklären, was alternative Rechenverfahren nicht sind, anstatt eine makellose Begriffsdefinition zu verfassen (siehe mehr unter „Begriff der Rechenverfahren…"). Sie sind keine Rechentricks, sondern legitime, alternative Methoden, um ein mathematisches Problem zu lösen. Die vorliegende vorwissenschaftliche Arbeit befasst sich vor allem mit den multiplikativen Alternativverfahren, den Logarithmentafeln und den Rechenschiebern.

Von der Arbeit ausgeschlossen sind mathematische Zufälle wie beispielsweise…

$$\frac{1\cancel{63}}{\cancel{32}6} = \frac{1}{2} \quad \text{oder} \quad \frac{\cancel{54}5}{6\cancel{54}} = \frac{5}{6}$$

oder andere Verfahren, die nur eine äußerst begrenzte Einsatzfähigkeit vorweisen – zum Beispiel Division durch 19 oder Division durch 13.

Außerdem möchte ich darauf hinweisen, dass alle im weiteren Verlauf angeführten Rechenverfahren als Algorithmus in einem Computerprogramm darstellbar sind, aus Platzgründen wird darauf aber nicht näher eingegangen.

In dieser Arbeit werden überwiegend die mathematischen Hintergründe der einzelnen Methoden erklärt und die Vor- bzw. Nachteile hervorgehoben. Die selbst auserkorenen alternativen Rechenverfahren (insgesamt neun an der Zahl) wurden nach zuvor erklärten Kriterien ausgewählt.

Daraus ergibt sich folgende Fragestellung:

> Welche alternativen Rechenverfahren gibt es und was sind ihre Vor- und Nachteile (im Unterricht)

Der Anhang „im Unterricht" wurde deshalb gewählt, weil diese vorwissenschaftliche Arbeit ein Experiment und ein Expertengespräch an einer österreichischen Volksschule beinhaltet.

# 2. Begriff der Rechenverfahren und ihres Algorithmus

Die schriftlichen Rechenverfahren sind eine Art Routenplaner, ein Rezept, eine definierte Methode, oder mathematisch ausgedrückt, ein Algorithmus bzw. ein normiertes Lösungsverfahren mit dem Ziel, eine bestimmte Aufgabe möglichst genau und effizient zu erledigen. (vgl. Löscher 2007; S. 5│Winter 2001)

Eine Definition des Algorithmus lieferte der Mathematiker Dähn folgendermaßen:

> „Ein Algorithmus dient dazu, alle Aufgaben eines bestimmten Typs zu lösen. Es ist ein Verfahren, das durch endlich viele Anweisungen beschrieben wird. Dabei ist jede Anweisung eindeutig, d.h. wenn zwei verschiedene Personen eine Anweisung befolgen, erhalten sie stets das gleiche Ergebnis. Jeder Algorithmus ist im Blick auf einen Anwendungsbereich konstruiert." (Dähn 1974; S. 12)

Die schriftlichen Rechenverfahren lassen sich in der Beziehung nicht nur mit dem Algorithmus gleichsetzen, sie übernehmen auch dessen Charaktereigenschaften.

Algorithmen zeichnen sich durch insgesamt sechs Eigenschaften aus. (vgl. Agnieszka Czernik 2016)

> > Eindeutigkeit → Ein Algorithmus darf keinen Widerspruch beinhalten
> > Ausführbarkeit → Jeder Einzelschritt muss ausführbar sein
> > Finitheit (Endlichkeit) → Die Anzahl der Einzelschritte muss ungleich ∞ sein
> > Terminierung → Der Algorithmus muss ein Ende haben und ein Ergebnis liefern
> > Determiniertheit → Gleichen Startbedingungen müssen zum gleichen Ergebnis führen
> > Determinismus → Jeder Einzelschritt hat höchstens einen Folgeschritt

Ohne diese sechs Regeln wäre es zumindest für ein Programm bzw. eine Maschine unmöglich, einen Algorithmus auszuführen. Menschen besitzen dagegen eine herausragende Interpretationsfähigkeit, eine Gabe, die den Maschinen (bis jetzt noch) gänzlich fehlt. Darum ist der Mensch nicht in einem derartigen Ausmaß von Algorithmen abhängig. Wäre ein uns aufgegebener Algorithmus fehlerhaft oder gänzlich neu, so könnten wir ihn trotzdem sinngemäß verstehen (interpretieren) und eine Ergebnisprognose ausstellen.

Der Einfachheit halber bevorzugen Menschen eindeutige und verständliche Algorithmen (Anleitungen). In vielen Bereichen des Alltags existieren derartige Algorithmen in Textform und erfüllen meist keinen mathematischen Zweck (bspw. Anleitung für Backrezepte). Nichtmathematisches wird dann oft in Schritten (Schritt 1, Schritt 2 usw.) oder in Diagrammen (Bspw. vgl. Flussdiagramm Abb. 2) gegliedert und erklären die Vorgangsweise ausschließlich mit Text.

Mathematiker lehnen sprachlich basierte Algorithmen eher ab und legen starken Wert auf mathematische Formeln, welche typischerweise mit wenig Text und Erklärung modifiziert werden.

## 2.1. Beispiel eines Rechenverfahrens anhand des Heron-Verfahrens

Heron von Alexandria beschrieb im 1. Jahrhundert n. Chr. in seinem Buch „Metrika" (Buch der Messung) ein Näherungsverfahren zur Bestimmung von Quadratwurzeln. Das später nach ihm benannte Heron-Verfahren baut auf die Erkenntnisse der Babylonier auf, welchen es bereits 1700 v. Chr. möglich war, einen Algorithmus zur Lösung von quadratischen Gleichungen zu definieren. (vgl. Ziegenbalg 2016; S. 55)

Mit dem Heron-Verfahren kann man folgendes Problem näherungsweise lösen:

Algebraische Problemdarstellung: Die Zahl a sei gegeben. Gesucht werde nun eine Zahl b, welche mit sich selbst multipliziert die Gleichung $b^2$ = a erfüllt. Konkret will man daraufhin einen Wert für die Gleichung b = $\sqrt{a}$ ermitteln.

Man darf annehmen, dass die Intention des Mathematikers Heron jenes mathematische Problem zu lösen, weniger algebraischer als vielmehr geometrischer Natur war. Nicht zuletzt, da Heron von Alexandria sich intensiv mit Flächen- bzw. Landschaftsvermessung beschäftigt hat. Daher lässt sich das Heron-Verfahren dementsprechend geometrisch interpretieren.

Geometrische Problemdarstellung: Man will die Seitenlänge b eines Quadrats mit dem Flächeninhalt A ermitteln. (Der Flächeninhalt A stellt dabei das Pendant zur Zahl a aus der algebraischen Problemdarstellung dar)

Falls b keine Quadratzahl ist, sprich eine Zahl aus der Menge $\mathbb{N}$ (allgemein $\mathbb{Z}$), so gestaltet sich die Suche nach der Seitenlänge schwieriger, da ansonsten ein Wert aus den irrationalen Zahlen ($\mathbb{R}\backslash\mathbb{Q}$) benötigt wird. Ohne elektronisches Hilfsmittel ist es dem Laien in der Regel nicht möglich (abgesehen vom reinen Raten), die Quadratwurzel/Seitenlänge zu bestimmen.

Man wähle deshalb zuerst etwas leichter konstruierbares, beispielsweise ein Rechteck mit einer Breite von 1, einer Länge von b und dem Flächeninhalt A (siehe Abb. 0). Das Ziel soll es sein, dieses Rechteck zu einem Quadrat zu formen. Um dies zu bewerkstelligen, definiert man eine Seite des Rechtecks als arithmetisches Mittel der Seiten des Ausgangsrechtecks. Die zweite Seite wird anschließend so angepasst, dass sich der Flächeninhalt a nicht verändert. (vgl. Ziegenbalg 2016; S. 56)

Mittels diesen Parametern kommt man zu den beiden Formeln:

$$x_1 = \frac{x_0 + y_0}{2} \quad und \quad y_1 = \frac{A}{x_1}$$

$x_0$ und $y_0$ seien die Seiten des Ausgangsrechtecks;

$x_1$ und $y_1$ seien die Seiten des „neuen" Rechtecks

Wiederholt man denselben Prozess mehrfach, so bekommt man das allgemeine Iterationsverfahren:

$$x_{n+1} = \frac{x_n + y_n}{2} \quad und \quad y_{n+1} = \frac{A}{x_{n+1}} \quad beziehungsweise \quad x_{n+1} = \frac{1}{2}\left(x_n + \frac{A}{x_n}\right)$$

Mit dieser Beschreibung gilt der Algorithmus als anwendbar.

Überprüfung der Anwendbarkeit des Heron-Verfahrens durch die Ermittlung der $\sqrt{3}$

$\sqrt{3} = ?$; Näherung mit der Eingrenzung $[a; b]$

| Näherung a | Näherung b | Folgerung | Neue Näherung |
|---|---|---|---|
| 1 | $\frac{3}{1} = 3$ | $1 < \sqrt{3} < 3$ | $\frac{1+3}{2} = 2$ |
| 2 | $\frac{3}{2} = 1,5$ | $1,5 < \sqrt{3} < 2$ | $\frac{1,5+2}{2} = 1,75$ |
| 1,75 | $\frac{3}{1,75} = \approx 1,7142$ | $1,7142 < \sqrt{3} < 1,75$ | $\frac{1,7142+1,75}{2} = 1,7321$ |
| 1,7321 | $\frac{3}{1,7321} = \approx 1,732$ | $1,732 < \sqrt{3} < 1,7321$ | $\frac{1,732+1,7321}{2} = \dots$ |
| .... | | | |

Überprüfung mit dem Taschenrechner: $\sqrt{3} = 1,732058\dots$
Vergleich mit dem errechneten Wert nach Heron: $\approx 1,7321$

Bereits nach nur 4 Rechenschritten kann man die Wurzelzahl auf drei Dezimalen genau ermitteln. Abbildung 0 setzt das Heron-Verfahren in einen geometrischen Kontext.

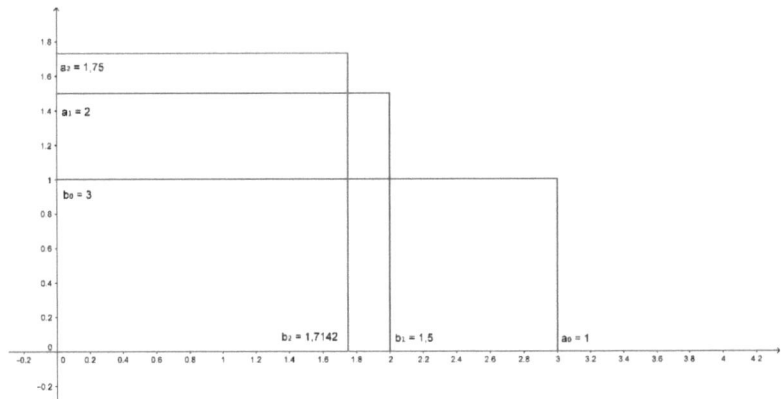

Abbildung 0: Geometrische Annäherung der $\sqrt{3}$                © Andreas Egger

Mit folgendem Code kann man das Heron-Verfahren beispielsweise in C++ anwenden.

```
1   #include  <iostream>
2   #include  <iomanip>
3
4   using namespace std;
5
6   int main(){
7
8       double a; //  a   =  Radikand   (Flächeninhalt)
9       double x; //  x   = Startwert  (beliebige Zahl)
10                             double Fml; //Formel
11
12
13          int i=0;
14
15      printf(„Bitte geben Sie den Radikand ein:\t");
16                             cin >> a;
17      printf(„Bitte geben Sie den Startwert ein:\t");
18                             cin >> x;
19                             cout << endl;
20
21                             //Formel
22                     Fml = 0.5*( x + a / x );
23          cout << Fml << endl; // 1.Näherungswert
24
25
26
27      while(Fml - x || i <= 10){ //    Rechenwerte
28                             x = Fml;
29                     Fml = 0.5*( x + a / x );
30                             i++;
31                 printf(„%.30f\n" ,  Fml);
32
33  }
34  system(„pause");
35  }
```

Abbildung 1: cpp-Quelldatei des Heron-Verfahrens. Mit einem kompatiblen Programm (Bspw. Visual C++) kann man ein iteratives Verfahren ausführen. (vgl. N1ob)

# 3. Rechenverfahren im österreichischen Schulsystem

Im Bildungs- und Lehrplan des Bundesministeriums für Bildung (BmB) in Österreich wird den Schülern bis zum Ende der 3. Schulstufe (entspricht der 3. Klasse Volksschule) die Beherrschung des schriftlichen Rechnens mit den Grundrechnungsarten abverlangt. Besonderes Augenmerk legt das Unterrichtsministerium dabei auf den additiven und multiplikativen Bereich. Addition und Subtraktion sollte dennoch unter Benützung des Ergänzungsverfahrens, auch Österreichische Methode (Austrian method) genannt, im dreistelligen Zahlenbereich beherrscht werden. Bei der Multiplikation und der Division wird vorerst nur mit einstelligem Multiplikator bzw. Divisor gerechnet. (vgl. BmB 2003; S. 10)

Die österreichische Bundesbehörde räumt den schriftlichen Rechenverfahren damit eine gewisse Vormachtstellung ein. Dadurch stimmt das österreichische System mit den gängigen europäischen Vorstellungen im Bereich der Mathematikdidaktik überein, besonders mit jenen aus Deutschland. Dort wurden bereits Ende des 20. Jahrhunderts in Fachbüchern in Summe vier Rechentypen mit ihrer jeweiligen Wertigkeit angegeben. (vgl. Plunkett 1987; S. 21 | Krauthausen 1993; S. 2,3)

Folgende vier Rechentypen werden nach Plunkett (1987; S. 43-46) definiert:

> Kopfrechnen (Alle Lösungsansatz, Rechenschritte etc. finden im Kopf statt; Verzicht auf schriftliche Notizen)

> Halbschriftliches Rechnen (Notlösung für denklastigere Rechnungen; Zwischenschritte und Teilergebnisse werden notiert)

> Schriftliche Rechenverfahren (Das Ergebnis wird mittels algorithmisch definierten Regeln mathematisch korrekt ermittelt; Dritte können Rechenschritte in der Regel nachvollziehen)

> Taschenrechner

In Österreich zeigt sich ein deutliches Bestreben, die Schüler vom Bereich des Kopfrechnens zum Bereich des schriftlichen Rechenverfahrens zu geleiten. Da junge Schüler aufgrund ihrer kognitiven Kapazitäten nicht in der Lage sind, sofort algorithmisch zu denken, wird in österreichischen Volksschulen zunächst Kopfrechnen mit den Grundrechnungsarten gelehrt. Zumeist geschieht dies auf spielerische Weise oder durch diverse Aktionen mit dem Ziel, den Ehrgeiz der Schüler zu wecken (siehe Einmaleins-Führerschein). Im Zahlenbereich von 1 bis 100 kann der Schüler problemlos alle vier Grundrechenarten im Kopf anwenden und üben. Wird der Zahlenbereich allerdings auf 1 bis 1000 expandiert, so stoßen vor allem Schüler der dritten Schulstufe auf ihre Grenzen und greifen selbstständig auf die halbschriftliche Rechentechnik zurück. Ob das österreichische Unterrichtsministerium dies befürwortet, bleibt offen. In offiziellen Dokumenten wird das Kopfrechnen und das halbschriftliche Verfahren jedenfalls nicht erwähnt, lediglich die Beherrschung der schriftlichen Normalverfahren ist im österreichischen Lehrplan vorgeschrieben. (vgl. BmB 2003; S. 8) Anzunehmen ist daher, dass es den Lehrern freisteht, welche Rechentypen erlaubt sind. Theoretisch sind Volksschullehrer also dazu befugt, Taschenrechner oder Ähnliches im Unterricht einzusetzen.

Volksschullehrer wie zum Beispiel Herr Walcher (vgl. Expertengespräch) halten dem entgegen und finden, dass der Taschenrechner (zumindest in Volksschulen) nur aus Jux verwendet werden sollte.

Wieso also setzt man in Volksschulen angesichts der jüngsten digitalen Revolution nicht auf elektronische Hilfsmittel (vorzugsweise auf Rechenprogramme) und vernachlässigt die drei restlichen, mühsamen Rechentechniken? Dass im Unterricht Kopfrechnen und halbschriftliche Verfahren angesichts der wachsenden Anforderungen an das Gehirn irgendwann obsolet werden, ist unumstritten.

Der Grund, warum Lehrer dennoch die schriftlichen Algorithmen den vergleichsweise einfacheren Computerprogrammen vorziehen, liegt einigen Experten zufolge in der allgemeinen traditionellen Sichtweise.

„Wenn für Mathematiklehrer in der Grundschule das Reizwort „Taschenrechner" in die Diskussion eingebracht wird, kann man oft mit Empörung und Ablehnung rechnen. [...] Verstärkter Taschenrechnereinsatz wird gleichgesetzt mit „weniger Rechnen" [...] darum gehen die Befürchtungen bis hin zur Angst, potentielle Zukunftschancen der Schülerinnen und Schüler zu beschneiden." (Krauthausen 1993; S. 3)

Andere wiederum schreiben den schriftlichen Rechenverfahren reale Ursachen für ihre dominierende Position zu. Begriffe wie Effizienz und Allgemeinheit werden gerne genannt. Zum besseren Verständnis soll hierbei ein Vergleich zwischen Mensch und Maschine dienen. Gleiche Algorithmen können so konzipiert werden, dass sie sowohl vom Menschen als auch von Maschinen gleich erfasst und erfolgreich ausgeführt werden können. Dass Letzteres imstande ist, einen Algorithmus zu „verstehen", lässt darauf schließen, dass schriftliche Rechenverfahren in der Mathematik gänzlich ohne menschlicher Beurteilung (Emotion) funktioniert. Ergo: Es sollte einem Menschen nicht möglich sein, Algorithmen falsch zu interpretieren, wenn selbst Maschinen ohne jeglicher Erfahrung oder Einsicht in die zugrundeliegende mathematische Struktur dazu in der Lage sind.

Genau darum ist für Leute vom Fach das schriftliche Verfahren die „Krönung" des Mathematikunterrichts. Sie wirken eleganter (weil optimierter und ökonomischer) und vor allem „mathematischer" als eine lieblose Eingabe in ein Rechenprogramm. (vgl. Krauthausen 1993; S. 5)

Algorithmen brauchen jedoch ein „Medium" – maßgeschneidert für den Anwender – um die Information zu übermitteln. Für Maschinen bietet sich idealerweise der Binärcode an, Menschen hingegen sind auf Anweisungen in Textform angewiesen. Abbildung 2 zeigt, wie ein solcher menschengerechter Algorithmus aufgebaut sein kann.

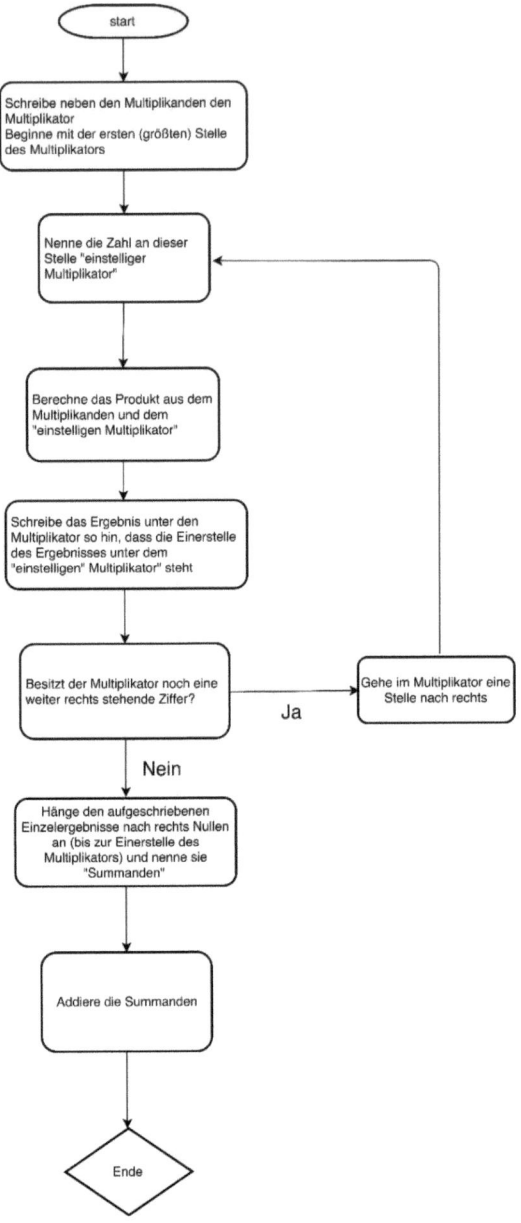

Abbildung 2: „schriftlicher" Algorithmus für Menschen. Hier wird Schritt für Schritt erklärt, wie man eine Multiplikation ausführt. (vgl. Grote)
© Andreas Egger

## 3.1. Internationale Abweichungen

Seit mehreren Jahrzehnten gilt Österreich als ein Einwanderungsstaat, wodurch auch die Bevölkerungszahl massiv stieg. Trotz Integrationsmaßnahmen kann die Herkunft des Kindes im Mathematikunterricht zu Problemen führen. Die kulturelle Vielfalt hat dazu geführt, dass sich in anderen Staaten andere Rechenverfahren entwickelt haben beziehungsweise zumindest leichte Abweichungen. Eingewanderte Eltern, die ihren Kindern bei den Hausaufgaben helfen wollen, wenden logischerweise lieber ihre eigenen ländertypischen Verfahren an. Für den Minderjährigen eine äußerst verwirrende Situation.

In Europa unterscheidet sich zum Glück ausschließlich die Notationsform (Schreibweise)

Jene vier Schreibweisen für die Grundrechnungsarten (siehe Abb. 3) sind für den Staat Österreich gültig:

$$
\begin{array}{r} 34 \\ + 6{,}8 \\ \hline \underline{102} \end{array}
\qquad
\begin{array}{r} 54 \\ - 3{,}9 \\ \hline \underline{15} \end{array}
\qquad
\begin{array}{r} 12 * 31 \\ \hline 360 \\ + 12 \\ \hline \underline{372} \end{array}
\qquad
\begin{array}{l} 541 : 12 = 45 \\ \underline{-\,48} \\ \phantom{5}61 \\ \underline{-\,60} \\ \phantom{5}1 \ \text{Rest} \end{array}
$$

Abbildung 3: Notationsform der Standardverfahren in Österreich          © Andreas Egger

Internationale Gepflogenheiten bei der Notation der Multiplikation...

| Faktoren untereinander | Faktoren nebeneinander | Verwendung „x" als Rechenoperation | Verwendung des Malpunktes als Rechenoperation | Malzeichen „x" auf der rechten Seite | Malzeichen „x" auf der linken Seite | Malzeichen in der Mitte |
|---|---|---|---|---|---|---|
| Ägypten | Bulgarien | Ägypten | Bulgarien | Ägypten | Algerien | Bulgarien |
| Algerien | Deutschland | Algerien | Deutschland | Irak | China England Griechenland | Deutschland |
| China | Frankreich | China | Kroatien Russland | | | Frankreich |
| England | Kroatien | England | Indien | | Indien | Kroatien |
| Griechenland | Russland | Frankreich | Ungarn | | Indien (Dorf) | Russland |
| Indien | Ungarn | Griechenland | Österreich | | Mexiko Portugal | Ungarn |
| Irak | Österreich | Indien | | | Spanien | Österreich |
| Mexiko | | Indien (Dorf) | | | Türkei | |
| Spanien | | Irak | | | | |
| Portugal | | Mexiko | | | | |
| Türkei | | Portugal | | | | |
| | | Spanien | | | | |
| | | Türkei | | | | |

(Gonas, Gürsoy)

# 4. Alternative Rechenverfahren ohne Hilfsmittel

Darunter versteht man alle Verfahren, die im Kopf oder auf dem Papier durchführbar sind und von unseren Standardverfahren abweichen. Nicht inkludiert sind leichte Abwandlungen der Notationsform, weswegen alternative Rechenverfahren im Bereich der Addition und Subtraktion gänzlich wegfallen.

## 4.1. Multiplikation von Zahlen, die mit der Ziffer 5 enden

Diese Methode verfügt selbst im Internet über einen eher geringen Bekanntheitsgrad. Nicht etwa, weil sie nichts taugt, sondern weil sie eher als „Rechentrick" abgestempelt wird. (Was eigentlich nicht der Fall ist) Unter vifer Ausnutzung geltender mathematischer Rechenregeln, ist es dem Benutzer möglich, größere Zahlen einfacher im Kopf zu multiplizieren. Vorausgesetzt beide Zahlen a und b enden auf die Zahl 5. (Bspw. 3$\underline{5}$ ∗ 7$\underline{5}$)

Im Grunde geht man so vor:

1. Schritt: Nimm die Einerstellen der Zahl weg (Z → E; H → Z usw.)
2. Schritt: Addiere das Produkt und das arithmetische Mittel der verbleibenden Ziffern (leading numbers)
3. Schritt: Multipliziere das Ergebnis zuerst mit 100, anschließend addiere 25

Verfahren:

$145 * 385 = ?$ → $14\,\underline{5} * 38\,\underline{5}$

Multiplikation der verbleibenden Stellen: $14 * 38 = 532$

Arithmetisches Mittel der verbleibenden Stellen: $\dfrac{14+38}{2} = 26$

$532 + 26 = 558$

→ $(558 * 100) + 25 = \underline{55825}$

Dasselbe Verfahren lässt sich für beliebig große Zahlen anwenden, solange die richtigen Grundkonditionen gegeben sind. Für viele mag diese Technik nun ein mathematisches „Phänomen" darstellen. Der mathematische Beweis durch Termumformung beseitigt aber meist alle Zweifel.

Mathematischer Beweis:

$$(10x + 5)(10y + 5)$$

(allgemeine Formel)

Der Koeffizient 10 steuert die Zehnerstelle, die Zahl 5 wird nach der Addition zur Einerstelle. x und y können mit allen Zahlen aus der Menge der natürlichen Zahlen $\mathbb{N}$ (für $\mathbb{Z}$ müsste man Beträge verwenden) besetzt werden. Die oben verwendete Gleichung $145 * 385 = ?$ kann unter Besetzung von x = 14 und y = 38 ausgedrückt werden.

→ $(10 * 14 + 5)(10 * 38 + 5) = 145 * 385$

Nach dem Ausmultiplizieren der Klammern erhält man folgenden Term:

$$100xy + 50(x + y) + 25$$

(Term 1)

Weiteres Umformen ergibt den Term:

$$100\left(xy + \frac{x + y}{2}\right) + 25$$

(Term 2)

Hier sieht man schon, worauf das Ganze hinausläuft. Die allgemeine Formel enthält noch die Ziffer 5. Diese fehlt bei der Umformung später komplett (Stimmt mit dem 1. Schritt überein). Wie zuvor erklärt, bestimmen x und y alle Stellen bis auf die Einerstelle. $xy$ beschreibt demnach die Multiplikation der verbleibenden Stellen und $\frac{x+y}{2}$ offensichtlich das arithmetische Mittel (2.Schritt). Der gesamte Ausdruck wird zuletzt verhundertfacht und 25 hinzugefügt (3. Schritt).

## 4.2. Errechnung der kubischen Wurzel von Kubikzahlen

Die dritte Wurzel, auch Kubikwurzel genannt, gilt in der Mathematik eher als der kleine Bruder der Quadratwurzel. Dies beruht auf die vergleichsweise mageren Anwendungsgebiete der Kubikwurzel (Bspw. Volumenberechnungen), während die Quadratwurzel in einigen unverzichtbaren Lehrthemen (Bspw. Kurvendiskussionen) vertreten ist. Dabei kommt es im Unterricht nicht selten vor, dass Kubische Potenzen und Wurzelberechnungen vernachlässigt werden. Bedauerlicherweise schaffen es viele Schüler nicht, die dritte Wurzel von den einfachsten Zahlen zu ziehen, was von der Lehrperson größtenteils nicht bemerkt wird. Abhilfe können einige angepasste Rechenverfahren schaffen. Die nützlichste davon arbeitet vorerst mit Tabellenbeobachtung und verkürzt den Rechenaufwand in weiterer Folge enorm. Allerdings gilt die Methode ausschließlich für Kubikzahlen, alle anderen Zahlen führen zu einem indefiniten Ergebnis.

| Zahl x | Kubikzahl $x^3$ | Einerstelle |
|--------|-----------------|-------------|
| 1 | 1 | 1 |
| 2 | 8 | 8 |
| 3 | 27 | 7 |
| 4 | 64 | 4 |
| 5 | 125 | 5 |
| 6 | 216 | 6 |
| 7 | 343 | 3 |
| 8 | 512 | 2 |
| 9 | 729 | 9 |
| 10 | 1000 | 0 |

Dieser Tabelle darf man entnehmen, dass die Einerstelle der Zahl x und derer Kubikzahl $x^3$ sich für die Menge der Zahlen {1; 4; 5; 6; 9; 0} gleichen.

Für {2; 8} sowie {3; 7} verhalten sich die Ergebnisse wechselseitig.

Diesem Basiswissen muss für die erleichterte Berechnung eingeprägt werden.

Problemstellung: Was ist das Ergebnis von $\sqrt[3]{42.875}$ ?

Problemlösung: Hierzu sieht man sich die Einerstelle genauer an. Diese wird im nachgestellten Beispiel mit der Zahl 5 besetzt. Nach kurzem Abgleich mit der Tabelle weiß der Schüler, dass die Einerstelle des Ergebnisses (siehe Tabelle) ebenso 5 beträgt.

Die Zahl 5 darf also getrost schon mal als letzte Stelle notiert werden. Nun müssen die letzten drei Stellen des Radikanden ignoriert werden. Demnach würde im Beispiel die Zahl 42 verbleiben. Im Anschluss sucht man die nächst kleinere (ganze) Kubikzahl, ohne den Wert zu überschreiten. Ohne größere Probleme sollte die Zahl 3 ($3^3 = 27$) als die nächstliegende Kubikzahl determiniert werden. Ohne weitere mathematische Rechenschritte fügt man die Einerstelle an das Ergebnis an. $\sqrt[3]{42.875} = 35$ bewahrheitet sich nach Überprüfung durch den Taschenrechner.

$$\sqrt[3]{42.875} = ? \rightarrow \sqrt[3]{42.\overline{875}} \rightarrow \sqrt[3]{42.\overline{875}} \rightarrow a^3 \leq 42 \rightarrow (3^3 = 27) \leq 42 \implies \sqrt[3]{42.875} = 35$$

Mathematischer Beweis:

Die Variable x sei in diesem Beweis jene Zahl, die Zehnerstellen oder höher (Z;H;T…) festlegt und die Variable y sei der Wert für die Einerstelle.

$$(xy)^3$$

(Allgemeine Schreibform für den Radikanden)

$$(10x + y)^3 = (xy)^3$$

(Alternative Schreibweise; Der erste Term kann sinnvoll auspotenziert werden)

$$(10x + y)^3 = 1000x^3 + 300x^2y + 30xy^2 + y^3$$

(Vollendeter mathematischer Beweis)

Zugegebenermaßen, ohne richtiger Interpretation würde man mit dem letzten Term wenig anfangen können. Dennoch steht alles zu Brauchende geschrieben. $y^3$ ersetzt die individuelle Einerstelle, welche man aus der Tabelle ablesen kann. $1000x^3$ ist der Grund, warum man die letzten drei Stellen (inklusive E) streichen darf, denn der Koeffizient ignoriert alle Stellen vor dem Tausenderbereich. Als nächstes musste man eine Zahl finden, für die gilt: $a^3 \leq 1000x^3$. Warum gerade weniger? Weil die mittleren Glieder des Beweises $300x^2y + 30xy^2$ den Wert der Kubikzahl etwas erhöhen. Diese kann man in dieser Form aber nicht ermitteln, weil man die Einerstelle und die Tausenderstelle getrennt berechnet. Da es sich aber um eine Kubikzahl handelt, weiß man, dass die gesuchte Zahl dann die Nächstgrößere ist.

## 4.3. Russische Bauernmultiplikation (Verdopplungs-Halbierungsmethode…)

Dient zur Multiplikation zweier Zahlen aus der Menge $\mathbb{N}$ und war schon im Altertum bekannt. Insbesondere das Papyrus Rhind, eine ägyptische Aufzeichnung über relevante mathematische Erkenntnisse, zeigt das frühe Interesse an leichtere Rechenverfahren. Die russische Bauernmultiplikation war scheinbar so effizient, dass das deutsche und russische Fußvolk des Mittelalters, welche starke Bildungseinbußen hinnehmen mussten, auf dieses Verfahren zurückgriff. Das sonderbare an dieser Rechenmethode ist, dass die eigentliche Multiplikation der beiden Zahlen weitestgehend durch Verdoppelung, Halbierung und der Addition ersetzt worden ist. Das vermindert den Denkaufwand drastisch.

In fünf Schritten gliedert sich die Russische Bauernmultiplikation:

1. Schritt: Man schreibt beide Zahlen nebeneinander.
2. Schritt: Der Multiplikator (linke Seite) wird halbiert und die Ergebnisse untereinandergeschrieben, bis man 1 erhält (Reste werden immer abgerundet).
3. Schritt: Beim Multiplikand (rechte Seite) wird stattdessen so lange verdoppelt, bis der Multiplikand dieselbe Anzahl an Rechenschritten innehat wie der Multiplikator. Die Ergebnisse werden zugehörig zu ihren linken Pendants aufgeschrieben (Bspw. Zweites Ergebnis des Multiplikanden gehört zum zweiten Ergebnis des Multiplikators).
4. Schritt: Das Resultat des Multiplikanden wird gestrichen, wenn das zugehörige Ergebnis des Multiplikators eine gerade Zahl ist.
5. Schritt: Die Addition der restlichen Resultate des Multiplikanden ist gleich dem Produkt der Ausgangszahlen.

Beispiel: Errechne das Produkt der Zahlen 77 und 65

| Multiplikator | Multiplikand | Restergebnisse |
|:---:|:---:|:---:|
| 77 | 65 | 65 |
| 38 | 130 | ~~130~~ |
| 19 | 260 | 260 |
| 9 | 520 | 520 |
| 4 | 1040 | ~~1040~~ |
| 2 | 2080 | ~~2080~~ |
| 1 | 4160 | 4160 |
| Produkt: | | 5005 |

Wie man im Beispiel gut erkennen kann, sind vergleichsweise primitive Teilrechnungen (Bspw. 77:2) enthalten, die so gut wie jeder Schüler aussparen kann. Darin liegt auch die Stärke der Verdopplungs-Halbierungsmethode. Grob formuliert zerlegt der Algorithmus den Multiplikationshorizont von einer beliebigen, mehrstelligen Zahl, auf die denkfreundlichere Zahl 2. Dividieren stellt sich insofern als einfach heraus, weil die abgerundeten Ergebnisse stets eine neue natürliche Zahl erfordern. Rechnen im Dezimalbereich fällt daher weg. Alleinig die Addition der Restergebnisse kann unter Umständen (bei drei- oder mehrstelligen Zahlen) äußerst mühselig und schreibintensiv werden. Meines Ermessens nach ist die Russische Bauernmultiplikation nur dann empfehlenswert, wenn man einen möglichst fehlerlosen Rechenausgang erzielen möchte. Halbieren, Verdoppeln und Addieren sind erfahrungsgemäß bedeutend leichter zu handhaben, als pure Multiplikation. Wer allerdings auf Schnelligkeit setzen will, verwendet lieber die herkömmlichen Standardverfahren.

Zu derselben Erkenntnis kommen Gorski und Müller-Philipp in ihrem Buch „Leitfaden Arithmetik". Auch sie vermerken einen höheren Schreibaufwand und sprechen der Methode eine geringere Fehleranfälligkeit zu. Gegenüber schulisch gelehrten Verfahren bringt diese Methode keinen Zeitvorteil. (Vgl. Gorski/Müller-Philipp 2004)

Mathematischer Beweis:

Die Quintessenz der Russischen Bauernmultiplikation ist die Überlegung, einen Faktor der Multiplikation (vorzugsweise den Multiplikator) in Zweierpotenzen aufzuspalten. Jede Zahl aus $\mathbb{N}$ kann einer eindeutigen binären Zahlenreihe zugeordnet werden.

Für das obige Beispiel sähe die Aufspaltung so aus:

$$77 * 65 = ?$$

| 77 : 2 | 1 Rest |
|--------|--------|
| 38 : 2 | 0 Rest |
| 19 : 2 | 1 Rest |
| 9 : 2  | 1 Rest |
| 4 : 2  | 0 Rest |
| 2 : 2  | 0 Rest |
| 1 : 2  | 1 Rest |

| 1 | 0 | 0 | 1 | 1 | 0 | 1 |
|---|---|---|---|---|---|---|

Mithilfe der „Restmethode" (anerkannter Algorithmus zur Umwandlung von Zahlensystemen) kann man eine Dezimalzahl a wie im Diagramm beschrieben in eine gleichwertige Binärzahl a umwandeln.

$$[77]_{10} = [1001101]_2$$

$$(2^6 + 0 * 2^5 + 0 * 2^4 + 2^3 + 2^2 + 0 * 2^1 + 2^0) * 65 = ?$$

$$65 * 2^6 + 65 * 2^3 + 65 * 2^2 + 65 * 2^0 = ?$$

$$4160 + 520 + 260 + 65 = 5005$$

Man sieht deutlich, dass die Russische Bauernmultiplikation also nichts Anderes ist, als geschickter Umgang mit Binärzahlen. Der Multiplikand wird vom Sinn her nicht verdoppelt, sondern mit dem Binärwert des Multiplikators multipliziert (Bspw. $65 * 2^6$ nach sechsmaligem Verdoppeln). Werte, die weggestrichen werden, sind äquivalent zu den 0-Binärwerten aus dem mathematischen Beweis. Beispielsweise wird an der Stelle $2^5$ mit Null multipliziert und der Ausdruck fällt weg. Deswegen darf man auch die fünfte Stelle bei diesem Beispiel (von oben nach unten gezählt) wegstreichen.

## 4.4. Vedische Multiplikation

Indische Herkunft macht den Namen dieses Rechenverfahrens so exotisch interessant. Tatsächlich ist die vedische Multiplikation auch in mathematischer Hinsicht das kostbarste Subkapitel der jahrhundertealten vedischen Mathematik, eine Sammlung an 16 Rechenregeln aus dem Veda (heilige Schrift im Hinduismus). (vgl. Wikipedia₁ 2017) Beruhend auf jenen 16 Grundregeln, kann subtrahiert, multipliziert und quadriert werden, wobei sich der multiplikative Aspekt als am geeignetsten für einen allgemeinen, alternativen Rechenalgorithmus erweist. Analog zu den österreichischen Standardverfahren operiert die vedische Multiplikation mit allen Zahlen aus der Menge $\mathbb{Q}$. (Bei $\mathbb{Q}^-$ muss allerdings extra auf das Vorzeichen geachtet werden)

Die Devise der vedischen Multiplikation sollte man sich zu jeder Zeit im Hinterkopf behalten und lautet „Vertikal und Kreuzweise". Was damit gemeint ist, lässt sich anhand eines Beispiels erklären.

Beispiel: Multipliziere die Zahlen 74 und 89 miteinander.

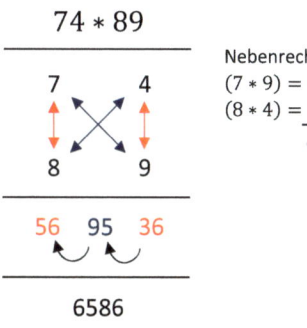

**Vorgehensweise:**

Nebenrechnung
$(7 * 9) = 63$
$(8 * 4) = 32$
$\underline{\phantom{(8 * 4) = }32}$
$95$

1. Schritt: Schreibe die Zahlen untereinander auf.

2. Schritt: Die zwei Zahlen der höchsten Stellen (Bspw. Hunderttausender) und jene der niedrigsten Stelle (Einerstelle) werden miteinander multipliziert.

3. Schritt: Zwischen den „Erst- und Letztergebnis" werden die Zahlen nach „Kreuzungsschema" multipliziert. Die Ergebnisse dieser Zahlen müssen allerdings per Addition vereinigt werden.

4. Schritt: Überträge werden aufgelöst, und das Endergebnis aufgeschrieben.

Kreuzungsschema (Beispiel an dreistelligen Zahlen):

Für die erfolgreiche Rechenoperation mehrstelliger Zahlen, führt man neue Kreuzungsschemen ein, da ansonsten die Multiplikation in ein falsches, niedrigstelliges Ergebnis resultieren würde. Siehe Kock 2014 bezüglich weitere Kreuzungsschemen für Zahlen mit bis zu fünf Stellen.

Beispiel: Multipliziere 254 und 563 miteinander.

$$\begin{array}{ccc} 2 & 5 & 4 \\ 5 & 6 & 3 \\ \hline \end{array}$$
$$143002$$

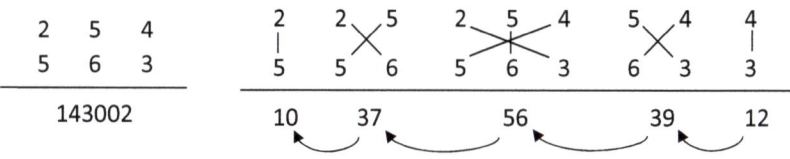

Ein algebraischer Beweis ist bei dieser indischen Variante nicht vonnöten, eben weil sie unserem Standardverfahren, der „Austrian method", so ähnelt. Lediglich die Reihenfolge der einzelnen Operationen unterschiedet sich. Österreicher hätten ausgehend vom Beispiel jede Zahl mit jeder multipliziert und die drei Teilergebnisse zusammengezählt. Der Vede wäre ungefähr gleich vorgegangen, hätte aber wie im Beispiel darüber insgesamt fünf besser vereinfachte Teilergebnisse zusammenaddiert.

## 4.5. Japanische Multiplikation

Diese Rechenmethode erfreute sich vor einigen Jahren in sozialen Netzwerken an großer Beliebtheit seitens den Communities und wurde seitdem unter ihrem Trivialnamen „Japanische Multiplikation" bekannt. Allerdings variieren Begriffsbezeichnung und Ursprung des Rechenverfahrens vor allem im Internet stark. Im deutschsprachigen Raum wird mal von „Japanischer Multiplikation" gesprochen und mal von „Chinesischer Multiplikation". Diversen Medien zufolge (Bspw. Vgl. Focus 2015) findet die Japanische Multiplikation heute noch ihre Anwendung in japanischen Grundschulen, einen offiziellen Beweis dafür liefert allerdings niemand.

Trotz dessen hat sich die Japanische Multiplikation zumindest in der westlichen Welt als anerkanntes Rechenverfahren etabliert. Grundlage ihrer Funktionsweise bildet eine der drei Gesetze der Algebra – das Distributivgesetz, welches zeigt, dass...

$$ab + ac = a(b + c) \text{ ist.} \quad (a, b, c \in \mathbb{R})$$

Dadurch ist die Japanische Multiplikation eng verwandt mit der „Lattice multiplication" (zu Deutsch „Gitter Multiplikation"), besser bekannt als „Nepersche Streifen", die ebenso das Potential des Distributivgesetzes ausnutzen.

Schon ein flüchtiger Blick auf die Abbildung 4 lässt erkennen, dass das Rechenverfahren praktisch ohne Zahlen arbeitet. Stattdessen werden Linien bzw. Stäbe, deren Anzahl die echte Zahl repräsentieren sollen, in Quadratform angeordnet. Visuell schöner kann man die Multiplikation in der Mathematik beinahe nimmer darstellen.

Konstruieren lässt sich ein solches Quadrat wie folgt:

1. Schritt: Man spaltet die Ziffern der Zahlen a und b in ihre einzelnen Stellen.
2. Schritt: Die zwei vertikalen Eckpunkte dienen als Anfangspunkte. Von dort aus werden (angefangen bei den größten Stellen) nachfolgend alle Stellen als Linien reproduziert. (Siehe Abbildung 4) In der rechten Ecke treffen stets die Einerstellen aufeinander.
3. Schritt: Lotrecht zueinanderstehende Schnittpunkte werden umkreist und alle einzelnen Schnittpunkte innerhalb des Kreises zusammengezählt.
4. Schritt: Die Zwischenergebnisse (bei dreistelligen Zahlen fünf an der Zahl) werden notiert und Überträge aufgelöst.

Beispiel: Multipliziere die Zahlen 752 und 241 miteinander.

Um solch höhere Zahlen in Linien auszudrücken, ist eine gute Ordnung unerlässlich. Es empfiehlt sich ein Stift mit dünner Mine und ein Lineal, ansonsten macht man sich in weiterer Folge nur noch mehr Arbeit. Die Grafik (Abb. 4; übrigens auch handgezeichnet) zeigt, wie die Linien anzuordnen sind. Innerhalb der roten Kreise werden die Schnittpunkte gezählt und ihre Anzahl notiert. Wichtig dabei ist, die Reihenfolge der Zwischenergebnisse nicht zu verändern. Überträge werden wie bei der vedischen Multiplikation dem nächstgrößeren Zwischenergebnis zugeordnet.

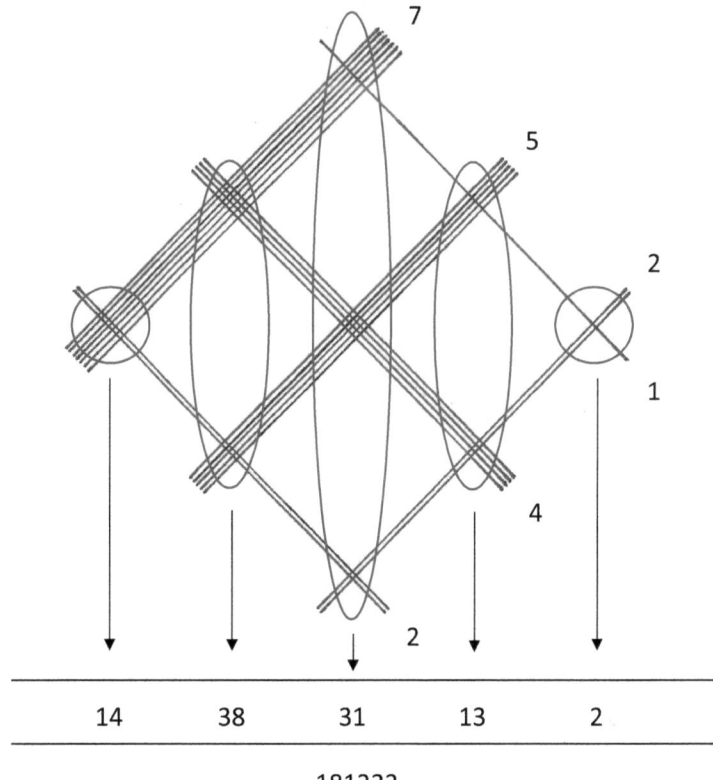

Abbildung 4: Zeichnerische Darstellung der Japanischen Multiplikation. In diesem Falle werden die Zahlen 752 und 241 miteinander multipliziert.                    © Andreas Egger

**Mathematischer Beweis:**

Die Multiplikation jeder Zahl in $\mathbb{N}$ lässt sich durch eine Formel mit vier Variablen ausdrücken

$(10a + b)(10c + d)$                    (allgemeine Formel für zweistellige Multiplikation)

$(100a + 10b + c)(100d + 10e + f)$                    (allgemeine Formel für dreistellige Multiplikation)

$(10^n * x_n + 10^{n-1} * x_{n-1} \dots 10x_1 + x_0)(\dots)$    (allgemeine Formel für n-stellige Multiplikation)

*x... nimmt Werte in* $\{x \in \mathbb{N} | 0 \leq x \leq 9\}$ *an.*

n... Nummer der Variable und gleichzeitig Hochzahl der Zehnerpotenz; nimmt Werte in $\{n \in \mathbb{N}\}$ an.

21

Die Variablen sind hier von besonderer Bedeutung, da sie je genau eine einzige Stelle bestimmen. Das Distributivgesetz erlaubt es dem Anwender, die Klammern je nach Belieben auszumultiplizieren oder neue Zahlen bzw. Variablen herauszuheben. Nachfolgende Gleichung betreffend der Multiplikation mit dreistelligen Zahlen hilft, die japanische Multiplikation zu erklären.

$$(100a + 10b + c)(100d + 10e + f)$$

$$= 10.000ad + 1000ae + 100af + 1000bd + 100be + 10bf + 100cd + 10ce + cf$$

$$= 10.000ad + 1000(ae + bd) + 100(af + be + cd) + 10(bf + ce) + cf$$

(vollendete Formel)

Die jeweils eingekreisten Schnittpunkte entsprechen exakt den Konstellationen der Formel. Die Zehnerstelle wird beispielsweise durch $10(bf + ce)$ ausgedrückt. Aus der Abbildung 5 kann man ebenfalls entnehmen, dass die Zehnerstelle durch $bf + ce$ ausgedrückt wird.

Die Koeffizienten der letzten Formel sind bei der japanischen Multiplikation dann vernachlässigbar, wenn man die Reihenfolge der Einzelergebnisse strikt beibehält. Das Auflösen der Überträge bewirkt ein Beibehalten der Stellenordnung.

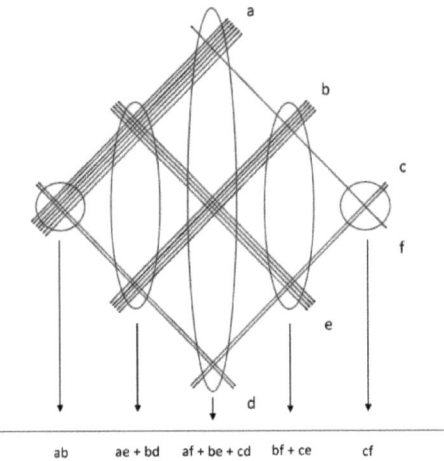

Abbildung 5: Allgemeine, mit Variablen ausgedrückte Japanische Multiplikation von zwei dreistelligen Zahlen      © Andreas Egger

22

# 5. Alternative Rechenverfahren mit Hilfsmittel

Solche alternativen Rechenverfahren sind ausschließlich mit speziellen Hilfsmitteln durchführbar. Somit reichen ein leeres Blatt Papier und das Wissen im Kopf nicht aus, man braucht ein an den Zweck angepasstes Utensil. Auch die Akkuratesse spielt eine Rolle. Man kann zwar beispielsweise graphisches Multiplizieren mithilfe einer Parabel (siehe nächsten Abschnitt) per Hand ausführen, doch die nötige Präzision wird man dabei nicht erlangen.

## 5.1. Graphisches Multiplizieren mithilfe einer Parabel

Bisherige Rechenverfahren fielen in die Bereiche der reinen Algebra und Arithmetik (Zahlentheorie). Dass man nun auch ausschließlich (also ohne zu rechnen) mit Kurven Multiplikationen ausführen kann, zeigt, wie eng Algebra und algebraische Geometrie verknüpft sind. Einer der vielen Beweise, dass die angeblich kunstlose Mathematik auch wundervoll logische Bilder zeichnen kann.

Als Grundidee des graphischen Multiplizierens verfolgt man den Gedanken „Quadrieren statt Multiplizieren", denn das Quadrieren gilt erwiesenermaßen als doppelt so schnell als eine Multiplikation zwischen zwei verschiedenen Zahlen.

Quasi als „Medium" der geometrischen Multiplikation dient die symmetrische Parabel $y = x^2$. Zwei zu multiplizierende Zahlen a und b setzt man getrennt in die Parabel ein. b beschreibt demnach den Koordinatenpunkt $P_1(b \mid b^2)$ auf der positiven X-Achse und a wird zuerst mit (-1) multipliziert und stellt anschließend den Punkt $P_2(-a \mid a^2)$ auf der negativen X-Achse dar. (vgl. Hartmut 2008; S. 8,9)

Verbindet man beide Punkte mit einer Geraden, erhält man das Ergebnis der Multiplikation als Schnittpunkt der Geraden mit der Y-Achse ($x = 0$ oder $X = t * (0\mid1)$).

Beweisen lässt sich diese Vorgangsweise algebraisch. Die Gerade der Punkte $P_1(x_1 \mid y_1)$ und $P_2(x_2 \mid y_2)$ lautet allgemein: $\frac{y-y_1}{x-x_1} = \frac{y_2-y_1}{x_2-x_1}$  Nach y aufgelöst… $y = (x - x_1)\frac{y_2-y_1}{x_2-x_1} + y_1$

In die Variablen $x_1$ und $y_1$ setzt man nun die Werte von $P_1$ein ($x_1$ = b und $y_1$ = b²), bei $x_2$ und $y_2$ wird dasselbe mit $P_2$ durchgeführt ($x_2$ = -a und $y_2$ = a²). Der Umstand, dass die Gerade mit x = 0 geschnitten wird, führt zum Wegfallen des x.

*Neue Gleichungen:* $y = -b\frac{a^2-b^2}{-a-b} + b^2 \rightarrow b\frac{(a+b)(a-b)}{b+a} + b^2 \rightarrow b(a - b) + b^2 \rightarrow a * b$

(vgl. Hartmut 2008; S. 9)

Für sinnvolle und schnelle Anwendung, etwa bei einer Schularbeit, ist diese Methode kaum zu gebrauchen, sie eignet sich eher zum Darstellen und Verdeutlichen. Allerdings ist sie ein gutes Mittel, um Kinder in den ersten Schulstufen Mathematik schmackhafter zu machen, denn der Nachteil der Volksschul- Unterstufenmathematik gegenüber anderen Fächern ist ihre fantasielose Auslegung. Kinder, die beispielsweise in Deutsch aberwitzige, originelle Geschichten schreiben, würde ein solches fantasievoll gestaltetes Rechenverfahren sicherlich zusagen.

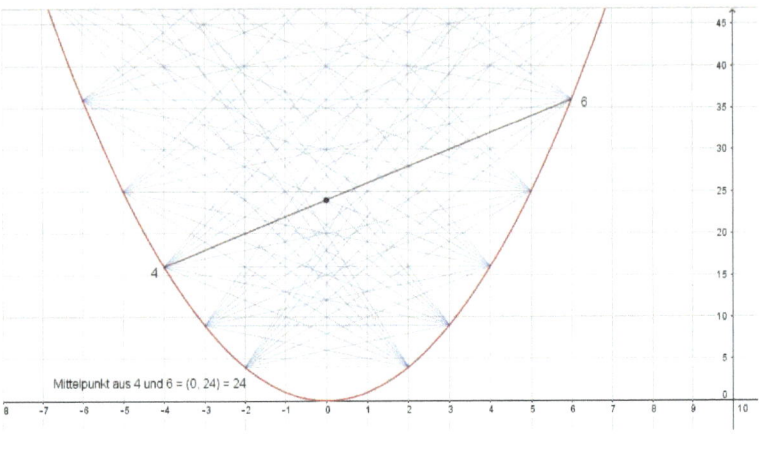

Abbildung 6: Graphisches Multiplizieren, erstellt mit Geogebra.

## 5.2.  Logarithmentafel und der Briggsscher Logarithmus

Inzwischen kann sich niemand mehr etwas unter dem Begriff „Briggsscher Logarithmus" vorstellen, denn zumindest in Österreich hat sich das Synonym „Zehnerlogarithmus" bzw. „dekadischer Logarithmus" erfolgreich im Wortschatz der Lehrbücher und Lehrkörper eingebürgert. Ihr Begründer Henry Briggs (1561-1630) verbesserte die damals gängigen Napierschen Logarithmen stark, indem er anstatt NapLog($10^7$) = 0 den Logarithmus als Log(1) = 0 definierte und somit 10 als Basis wählte. (vgl. Sonar 2004; S. 8)

Neben dem Logarithmus naturalis (natürlicher Logarithmus – ln) genießt der dekadische Logarithmus (log$_{10}$ oder lg) aufgrund zwei Gegebenheiten den höchsten Stellenwert in der Mathematik.

Die erste wäre die bequeme Basisumrechnung des lg in andere Logarithmensysteme.

$$log_a b = \frac{\lg(b)}{\lg(a)} \qquad\qquad (a, b \in \mathbb{R})$$

$$\ln(b) = \frac{\lg(b)}{\lg(e)} \qquad\qquad (b \in \mathbb{R}\,; e \dots Eulersche\ Zahl)$$

Allerdings wäre der dekadische Logarithmus keine Ausnahme, denn im Grunde können mit allen Logarithmensystemen Umrechnungen gebildet werden.

Die zweite Gegebenheit zeigt aber, dass der Zehnerlogarithmus der geeignetste seiner Art ist. (zumindest in unserem vielverwendeten Dezimalsystem)

$\lg(3{,}814) = 0{,}5813 \ldots$ \hspace{2cm} $\ln(3{,}814) = 1{,}3386 \ldots$

$\lg(38{,}14) = 1{,}5813 \ldots$ \hspace{1cm} im Vergleich zu... \hspace{1cm} $\ln(38{,}14) = 3{,}6412 \ldots$

$\lg(381{,}4) = 2{,}5813 \ldots$ \hspace{2cm} $\ln(381{,}4) = 5{,}9438 \ldots$

Hier sieht man, dass der dekadische Logarithmus bei gleicher Zahlenfolge mit unterschiedlichen Kommapositionierungen dieselben Nachkommastellen ausgibt. Der Grund dafür:

$$\lg(38{,}14) = \lg(3{,}814) + \lg(10) = 0{,}5813 \ldots + 1 = 1{,}5813 \ldots$$

$$\lg(381{,}4) = \lg(3{,}814) + \lg(100) = 0{,}5813 \ldots + 2 = 2{,}5813 \ldots$$

Soll heißen: Man kann mithilfe eines Ergebnisses mehrere andere berechnen und genau da liegt der Vorteil des Briggschen Logarithmus.

So viel zur Idee. Briggs selbst versuchte eine praktische Umsetzung in Tabellenform, konnte aber „nur" die Logarithmen für 1 bis 20.000 sowie 90.000 bis 100.000 auf 14 Dezimalen genau bestimmen. Adriaan Vlacq und Ezechiel de Decker vervollständigten sein Werk und gaben eine Liste mit den Logarithmen von 1 bis 100.000 auf 10 Dezimalstellen heraus. (vgl. Reichenbach 1840; S. 606) Damit hat die Ära der Logarithmentafeln wohl so richtig begonnen.

Natürlich wurde für Schüler eine abgespeckte Version der aktuellen Logarithmentafeln verwendet. Vorstellbar wäre ein kleines Büchlein mit den Logarithmen von 10 bis 99 auf drei oder vier Dezimalstellen gerundet. (10-14-stellige Tafeln wären für Unterrichtszwecke redundant gewesen und hätten wohl nur in der Forschung ihren Platz gefunden)

Logarithmentafeln finden im österreichischen Unterricht schon lange keine Verwendung mehr. Dementsprechend stehen Schüler ratlos vor einer Schularbeit, sollte der Taschenrechner plötzlich den Geist aufgeben. Um solch potentiellen Problemen aus den Weg zu gehen, kann man daheim selbst eine Logarithmentafel erstellen und lernen sie zu benutzen.

Benützung und Erstellung einer Logarithmentafel:

Bevor man eine eigene Tafel kreieren kann, muss man verstehen, wie man sie überhaupt benutzt und sich über die Fremdbegriffe im Klaren sein. Wie vorher schon angedeutet, sind beim Zehnerlogarithmus die Nachkommastellen besonders wichtig. Sie werden deshalb als *Mantisse* (rot) bezeichnet, während abgrenzend dazu die Zahl vor dem Komma *Charakteristik* (blau) heißt.

$$lg(32) = x \leftrightarrow 10^x = 32 \rightarrow x = 1{,}50514 \ldots$$

Problemstellung: Finde einen Wert für $x = \lg(39{,}45)$

Um dieses Problem zu lösen, benötigt man fünf Schritte.

1. Schritt: Bestimme die Charakteristik, indem die Zahl zwischen Zehnerpotenzen eingeordnet wird. 39,45 liegt zwischen $10^1$ (lg10 = 1) und $10^2$ (lg100 = 2). Seine Charakteristik muss also 1 sein.

2. Schritt: Gehe in der Logarithmentafel zur Zeile mit der zu logarithmierenden Zahl (ZL). In der Tabelle 1 (Abb. 7) wäre der Finger beispielsweise auf der 39

3. Schritt: Die erste Nachkommastelle der ZL bestimmt die Spalte. Bei 39,45 wäre man in der vierten Spalte der Zeile 39 angelangt.

4. Schritt: Addiere bei einer weiteren Nachkommastelle die mittlere Differenz dazu. Die Charakteristik bestimmt abermals die Zeile du die zweite Nachkommastelle die Spalte.

(siehe Abb. 7)

| Logarithmus zur Basis 10 (log₁₀ x oder lg x) | | | | | | | | | | Mittlere Differenz | | | | | | | | |
|---|---|---|---|---|---|---|---|---|---|---|---|---|---|---|---|---|---|---|
| x | 0 | 1 | 2 | 3 | **4** | 5 | 6 | 7 | 8 | 9 | 1 | 2 | 3 | **5** | 6 | 7 | 8 | 9 |
| 33 | .5185 | .5198 | .5211 | .5224 | .5237 | .5250 | .5263 | .5276 | .5289 | .5302 | 1 | 3 | 4 | 5 | 7 | 8 | 9 | 11 | 12 |
| 34 | .5315 | .5328 | .5340 | .5353 | .5366 | .5378 | .5391 | .5403 | .5416 | .5428 | 1 | 3 | 4 | 5 | 6 | 8 | 9 | 10 | 11 |
| 35 | .5441 | .5453 | .5465 | .5478 | .5490 | .5502 | .5514 | .5527 | .5539 | .5551 | 1 | 2 | 4 | 5 | 6 | 7 | 9 | 10 | 11 |
| 36 | .5563 | .5575 | .5587 | .5599 | .5611 | .5623 | .5635 | .5647 | .5658 | .5670 | 1 | 2 | 4 | 5 | 6 | 7 | 8 | 10 | 11 |
| 37 | .5682 | .5694 | .5705 | .5717 | .5729 | .5740 | .5752 | .5763 | .5775 | .5786 | 1 | 2 | 4 | 5 | 6 | 7 | 8 | 9 | 11 |
| 38 | .5798 | .5809 | .5821 | .5832 | .5843 | .5855 | .5866 | .5877 | .5888 | .5899 | 1 | 2 | 3 | 5 | 6 | 7 | 8 | 9 | 10 |
| 39 | .5911 | .5922 | .5933 | .5944 | .5955 | .5966 | .5977 | .5988 | .5999 | .6010 | 1 | 2 | 3 | 4 | 6 | 7 | 8 | 9 | 10 |
| 40 | .6021 | .6031 | .6042 | .6053 | .6064 | .6075 | .6085 | .6096 | .6107 | .6117 | 1 | 2 | 3 | 4 | 5 | 7 | 8 | 9 | 10 |
| 41 | .6128 | .6138 | .6149 | .6160 | .6170 | .6180 | .6191 | .6201 | .6212 | .6222 | 1 | 2 | 3 | 4 | 5 | 7 | 8 | 9 | 10 |

Abbildung 7: Ermittlung der ersten vier Nachkommastellen von $lg(39{,}45)$  © Andreas Egger

Das ursprüngliche Problem betreffend der Zahl 39,45 wäre dadurch zu lösen, dass man zu dem Zwischenergebnis 1.5955 die mittlere Differenz am Ende anhängt.

$1.5955 + 0.0006 = 1.5961$

Überprüfung durch den Taschenrechner: $lg(39.45) = 1.596047\ldots$

In heutigen, modernen Zeiten erweist sich die Erstellung einer Logarithmentafel schon fast als Kinderspiel. Mit Computerprogrammen wie Excel kann eine genügsame Tabelle in Sekundenschnelle konstruieren. Die Logarithmentafel in Abbildung 7 (bzw. Tabelle 1) ist ebenso ein Produkt von Excel. Für den Logarithmus mit einer Nachkommastelle lässt Excel den Term

$= LOG10(x + k)$ gelten. 

x = Der zu logarithmierende Wert

k = Der Wert der ersten Nachkommastelle

Für die mittlere Differenz wird es schwieriger, da sie den Mittelwert der Summe der einzelnen Standardabweichungen darstellt. In Excel nur mit viel Aufwand zu bewerkstelligen, weswegen für Nachahmer diese Formel genügen sollte:

$\frac{10000}{10} * \sum_{i=0}^{10} \lg(x + 0{,}1 * i + n) - \lg(k + 0{,}1 * i)$

x = Der zu logarithmierende Wert

n = Der Wert der zweiten Nachkommastelle

| Logarithmus zur Basis 10 (log₁₀ x oder lg x) | | | | | | | | | | Mittlere Differenz | | | | | | | | |
|---|---|---|---|---|---|---|---|---|---|---|---|---|---|---|---|---|---|---|
| x | 0 | 1 | 2 | 3 | 4 | 5 | 6 | 7 | 8 | 9 | 1 | 2 | 3 | 4 | 5 | 6 | 7 | 8 | 9 |
| 10 | .0000 | .0043 | .0086 | .0128 | .0170 | | | | | | 4 | 9 | 13 | 17 | 21 | 25 | 30 | 34 | 38 |
| | | | | | | .0212 | .0253 | .0294 | .0334 | .0374 | 4 | 8 | 12 | 16 | 20 | 24 | 28 | 32 | 36 |
| 11 | .0414 | .0453 | .0492 | .0531 | .0569 | | | | | | 4 | 8 | 12 | 15 | 19 | 23 | 27 | 31 | 35 |
| | | | | | | .0607 | .0645 | .0682 | .0719 | .0755 | 4 | 7 | 11 | 15 | 19 | 22 | 26 | 30 | 33 |
| 12 | .0792 | .0828 | .0864 | .0899 | .0934 | | | | | | 4 | 7 | 11 | 14 | 18 | 21 | 25 | 28 | 32 |
| | | | | | | .0969 | .1004 | .1038 | .1072 | .1106 | 3 | 7 | 10 | 14 | 17 | 20 | 24 | 27 | 31 |
| 13 | .1139 | .1173 | .1206 | .1239 | .1271 | | | | | | 3 | 6 | 10 | 13 | 16 | 20 | 23 | 26 | 30 |
| | | | | | | .1303 | .1335 | .1367 | .1399 | .1430 | 3 | 6 | 10 | 13 | 16 | 19 | 22 | 25 | 28 |
| 14 | .1461 | .1492 | .1523 | .1553 | .1584 | .1614 | .1644 | .1673 | .1703 | .1732 | 3 | 6 | 9 | 12 | 15 | 18 | 21 | 24 | 27 |
| 15 | .1761 | .1790 | .1818 | .1847 | .1875 | .1903 | .1931 | .1959 | .1987 | .2014 | 3 | 6 | 8 | 11 | 14 | 17 | 20 | 22 | 25 |
| 16 | .2041 | .2068 | .2095 | .2122 | .2148 | .2175 | .2201 | .2227 | .2253 | .2279 | 3 | 5 | 8 | 11 | 13 | 16 | 18 | 21 | 24 |
| 17 | .2304 | .2330 | .2355 | .2380 | .2405 | .2430 | .2455 | .2480 | .2504 | .2529 | 2 | 5 | 7 | 10 | 12 | 15 | 17 | 20 | 22 |
| 18 | .2553 | .2577 | .2601 | .2625 | .2648 | .2672 | .2695 | .2718 | .2742 | .2765 | 2 | 5 | 7 | 9 | 12 | 14 | 16 | 19 | 21 |
| 19 | .2788 | .2810 | .2833 | .2856 | .2878 | .2900 | .2923 | .2945 | .2967 | .2989 | 2 | 4 | 7 | 9 | 11 | 13 | 16 | 18 | 20 |
| 20 | .3010 | .3032 | .3054 | .3075 | .3096 | .3118 | .3139 | .3160 | .3181 | .3201 | 2 | 4 | 6 | 8 | 11 | 13 | 15 | 17 | 19 |
| 21 | .3222 | .3243 | .3263 | .3284 | .3304 | .3324 | .3345 | .3365 | .3385 | .3404 | 2 | 4 | 6 | 8 | 10 | 12 | 14 | 16 | 18 |
| 22 | .3424 | .3444 | .3464 | .3483 | .3502 | .3522 | .3541 | .3560 | .3579 | .3598 | 2 | 4 | 6 | 8 | 10 | 12 | 14 | 15 | 17 |
| 23 | .3617 | .3636 | .3655 | .3674 | .3692 | .3711 | .3729 | .3747 | .3766 | .3784 | 2 | 4 | 6 | 7 | 9 | 11 | 13 | 15 | 17 |
| 24 | .3802 | .3820 | .3838 | .3856 | .3874 | .3892 | .3909 | .3927 | .3945 | .3962 | 2 | 4 | 5 | 7 | 9 | 11 | 12 | 14 | 16 |
| 25 | .3979 | .3997 | .4014 | .4031 | .4048 | .4065 | .4082 | .4099 | .4116 | .4133 | 2 | 3 | 5 | 7 | 9 | 10 | 12 | 14 | 15 |
| 26 | .4150 | .4166 | .4183 | .4200 | .4216 | .4232 | .4249 | .4265 | .4281 | .4298 | 2 | 3 | 5 | 7 | 8 | 10 | 11 | 13 | 15 |
| 27 | .4314 | .4330 | .4346 | .4362 | .4378 | .4393 | .4409 | .4425 | .4440 | .4456 | 2 | 3 | 5 | 6 | 8 | 9 | 11 | 13 | 14 |
| 28 | .4472 | .4487 | .4502 | .4518 | .4533 | .4548 | .4564 | .4579 | .4594 | .4609 | 2 | 3 | 5 | 6 | 8 | 9 | 11 | 12 | 14 |
| 29 | .4624 | .4639 | .4654 | .4669 | .4683 | .4698 | .4713 | .4728 | .4742 | .4757 | 1 | 3 | 4 | 6 | 7 | 9 | 10 | 12 | 13 |
| 30 | .4771 | .4786 | .4800 | .4814 | .4829 | .4843 | .4857 | .4871 | .4886 | .4900 | 1 | 3 | 4 | 6 | 7 | 9 | 10 | 11 | 13 |
| 31 | .4914 | .4928 | .4942 | .4955 | .4969 | .4983 | .4997 | .5011 | .5024 | .5038 | 1 | 3 | 4 | 6 | 7 | 8 | 10 | 11 | 12 |
| 32 | .5051 | .5065 | .5079 | .5092 | .5105 | .5119 | .5132 | .5145 | .5159 | .5172 | 1 | 3 | 4 | 5 | 7 | 8 | 9 | 11 | 12 |
| 33 | .5185 | .5198 | .5211 | .5224 | .5237 | .5250 | .5263 | .5276 | .5289 | .5302 | 1 | 3 | 4 | 5 | 6 | 8 | 9 | 10 | 12 |
| 34 | .5315 | .5328 | .5340 | .5353 | .5366 | .5378 | .5391 | .5403 | .5416 | .5428 | 1 | 3 | 4 | 5 | 6 | 8 | 9 | 10 | 11 |
| 35 | .5441 | .5453 | .5465 | .5478 | .5490 | .5502 | .5514 | .5527 | .5539 | .5551 | 1 | 2 | 4 | 5 | 6 | 7 | 9 | 10 | 11 |
| 36 | .5563 | .5575 | .5587 | .5599 | .5611 | .5623 | .5635 | .5647 | .5658 | .5670 | 1 | 2 | 4 | 5 | 6 | 7 | 8 | 10 | 11 |
| 37 | .5682 | .5694 | .5705 | .5717 | .5729 | .5740 | .5752 | .5763 | .5775 | .5786 | 1 | 2 | 3 | 5 | 6 | 7 | 8 | 9 | 10 |
| 38 | .5798 | .5809 | .5821 | .5832 | .5843 | .5855 | .5866 | .5877 | .5888 | .5899 | 1 | 2 | 3 | 5 | 6 | 7 | 8 | 9 | 10 |
| 39 | .5911 | .5922 | .5933 | .5944 | .5955 | .5966 | .5977 | .5988 | .5999 | .6010 | 1 | 2 | 3 | 4 | 6 | 7 | 8 | 9 | 10 |
| 40 | .6021 | .6031 | .6042 | .6053 | .6064 | .6075 | .6085 | .6096 | .6107 | .6117 | 1 | 2 | 3 | 4 | 5 | 6 | 8 | 9 | 10 |
| 41 | .6128 | .6138 | .6149 | .6160 | .6170 | .6180 | .6191 | .6201 | .6212 | .6222 | 1 | 2 | 3 | 4 | 5 | 6 | 7 | 8 | 9 |
| 42 | .6232 | .6243 | .6253 | .6263 | .6274 | .6284 | .6294 | .6304 | .6314 | .6325 | 1 | 2 | 3 | 4 | 5 | 6 | 7 | 8 | 9 |
| 43 | .6335 | .6345 | .6355 | .6365 | .6375 | .6385 | .6395 | .6405 | .6415 | .6425 | 1 | 2 | 3 | 4 | 5 | 6 | 7 | 8 | 9 |
| 44 | .6435 | .6444 | .6454 | .6464 | .6474 | .6484 | .6493 | .6503 | .6513 | .6522 | 1 | 2 | 3 | 4 | 5 | 6 | 7 | 8 | 9 |
| 45 | .6532 | .6542 | .6551 | .6561 | .6571 | .6580 | .6590 | .6599 | .6609 | .6618 | 1 | 2 | 3 | 4 | 5 | 6 | 7 | 8 | 9 |
| 46 | .6628 | .6637 | .6646 | .6656 | .6665 | .6675 | .6684 | .6693 | .6702 | .6712 | 1 | 2 | 3 | 4 | 5 | 6 | 7 | 7 | 8 |
| 47 | .6721 | .6730 | .6739 | .6749 | .6758 | .6767 | .6776 | .6785 | .6794 | .6803 | 1 | 2 | 3 | 4 | 5 | 5 | 6 | 7 | 8 |
| 48 | .6812 | .6821 | .6830 | .6839 | .6848 | .6857 | .6866 | .6875 | .6884 | .6893 | 1 | 2 | 3 | 4 | 4 | 5 | 6 | 7 | 8 |
| 49 | .6902 | .6911 | .6920 | .6928 | .6937 | .6946 | .6955 | .6964 | .6972 | .6981 | 1 | 2 | 3 | 4 | 4 | 5 | 6 | 7 | 8 |
| 50 | .6990 | .6998 | .7007 | .7016 | .7024 | .7033 | .7042 | .7050 | .7059 | .7067 | 1 | 2 | 3 | 3 | 4 | 5 | 6 | 7 | 8 |
| ... | | | | | | | | | | | | | | | | | | | |

Tabelle 1: Logarithmustafel zur Basis 10 erstellt mit Excel; Aus Platzgründen nur Werte für x von 1-50 enthalten   © Andreas Egger

# 5.3. Rechenschieber

Bei dem Wort „Rechenschieber" sollte man kein Bild eines Rahmens mit Kugeln auf Stäben im Kopf haben, ein solches Gerät wird „Abakus" genannt. Nur noch wenige Generationen können sich etwas unter dem richtigen Rechenschieber vorstellen – ein mechanisches Rechenhilfsmittel, mit dem man nahezu alle nennenswerten Rechenoperationen durchführen kann.

## 5.3.1. Entwicklung des Rechenschiebers

Die Schöpfungsgeschichte des Rechenschiebers beginnt im Grunde dort, wo die der Logarithmentafel aufhört. Nachdem John Napier und Henry Briggs Anfang des 17. Jahrhunderts die ersten massentauglichen Logarithmentafeln erstellt haben, fand die Idee von mechanischen Hilfsmitteln unter Mathematikern schnell Nachahmer. Wie bereits bei den Logarithmentafeln erwähnt, ergänzten Adriaan Vlacq und Ezechiel de Decker die Briggsche Logarithmentafel und fertigten eine verlagsreife Version an. Der Mathematiker Edmund Gunter – ein guter Freund Briggs' – verwendete das Tafelprinzip bei trigonometrischen Funktionen und erschuf 1620 eine Tafel für Sinus- und Tangenswerte. Im selben Jahr publizierte Gunter die glorreiche Idee, logarithmische Zahlenwerte in die graphische Form einer Strecke zu verwandeln.

1624 erschien schließlich der erste (im heutigen Vergleich magere) Rechenschieber auf dem französischen Markt. Die sogenannte „Gunter-Skala" ermöglichte Multiplizieren und Dividieren (allerdings war ein Stechzirkel vonnöten) und bestand aus einer dezimalen und einer logarithmischen Skala. Nach einigen Jahrzehnten Entwicklung wäre der Rechenschieber schon für den Schuleinsatz geeignet gewesen, es fehlte damals aber an öffentlicher Aufmerksamkeit. Österreich-Ungarn empfahl den Schulen den Gebrauch von Rechenschiebern erst Mitte des 19. Jahrhunderts.

In Europa – Amerika war eher ein Spätzünder – galt der Rechenschieber ab dem 20. Jahrhundert als das weitverbreitetste und nützlichste Hilfsmittel überhaupt. Eigene Skalen für Schüler, Chemiker, Seefahrer etc. wurden zusammengestellt und erfüllten tadellos ihren Zweck. Die Erfindung der ersten elektronischen Taschenrechner 1967 lösten so gut wie alle mechanischen Instrumente ab. Darunter auch den Rechenschieber, welcher jetzt, rund 50 Jahre später, der Welt nur noch als Sammlerobjekt in Erinnerung bleibt.

(vgl. Dürr 2001)

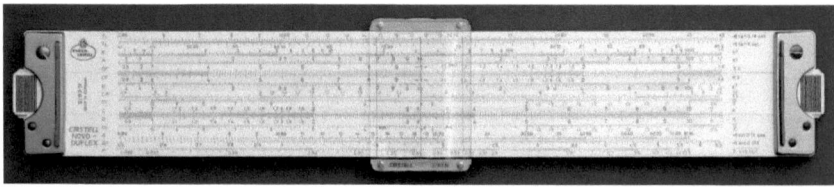

Abbildung 8: Rechenschieber Novo-Duplex 2/83N des Herstellers Novo-Duplex      © Jörn Lütjens

## 5.3.2. Aufbau eines Rechenschiebers

Üblicherweise besteht ein Rechenschieber immer aus drei Teilen. Dem Stabkörper, der Zunge und dem Läufer. (Siehe Abb. 9) Ersteres ist nötig, um alle unbeweglichen Skalen darzustellen. Die Zunge umfasst dagegen alle beweglichen Skalen. Als eigentliches „Ableseinstrument" wirkt der Läufer.

Rechenschieberhersteller warnen in ihren Bedienungsanleitungen oftmals schon in den ersten Seiten vor der Größenordnung einer Zahl. Eine Skala mit dem eingezeichneten Wert 5 kann sowohl 5; 0,5; 500; 0,005 etc. zum Ausdruck bringen (Ausnahmen bilden die Exponential- und trigonometrische Skalen; dort entspricht der gedruckte Wert dem Realwert). Dabei handelt es sich um eine Maßnahme zur Platzeinsparung und sollte normalerweise keine Probleme verursachen, da die Kommapositionierung in dem meisten Fällen ohnehin eindeutig ist.

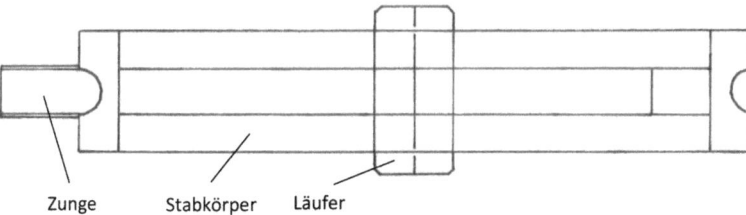

Zunge     Stabkörper     Läufer

Abbildung 9: Grundaufbau eines Rechenschiebers.                    © Lukas Egger

## 5.3.3. Funktionsweise eines Rechenschiebers

Streng genommen sind Rechenschieber die Nachfolger von Logarithmentafeln und anderen logarithmischen Ideen. Ihre Funktionsweise ist deshalb stark an den vier Rechenregeln für Logarithmen gekoppelt. Jene wären:

$log_b(u * v) = log_b(u) + log_b(v)$     … Das Produkt wird in eine Addition umgewandelt

$log_b(\frac{u}{v}) = log_b(u) - log_b(v)$     … Der Quotient wird zu einer Subtraktion umgewandelt

$log_b(u^n) = n * log_b(u)$     … Die Potenz wird in ein Produkt umgewandelt

$log_b(\sqrt[n]{u}) = \frac{1}{n} * log_b(u)$     … Die Potenz $(u^{\frac{1}{n}})$ wird in ein Produkt umgewandelt

Hier sieht man beispielsweise, dass beim Logarithmusrechnen der Logarithmus eines Produkts gleich der Summe der Logarithmen der einzelnen Faktoren ist. (vgl. Dürr 2001) Für den Rechenschieber gilt das gleiche Prinzip. Faktoren werden nicht auf gewohnter Weise multipliziert, sondern die Werte der einzelnen Strecken aufsummiert.

Folgendes Beispiel verdeutlicht beschriebenen Vorgang:

Es wird mit der festen D-Skala und der beweglichen C-Skala gearbeitet. Beide beinhalten Dezimalwerte, für die gilt $\{x \in \mathbb{R} \,|\, 1 \leq x \leq 10\}$.

Gesucht ist das Produkt der Zahlen 5,5 und 6.

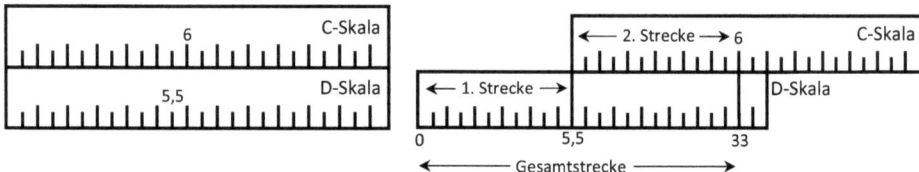

Abbildung 10: Grundprinzip der Multiplikation auf einem Rechenschieber anhand der beiden Grundskalen C und D     © Andreas Egger

Will man zwei Faktoren multiplizieren (im obigen Falle 6 und 5,5), so schiebt man die bewegliche Skala so weit nach rechts, bis das Ende der Skala genau über dem ersten Faktor (5,5) steht. Der zweite Faktor (6) steht nun über einer anderen Zahl x. Das Ergebnis der Multiplikation ist die Länge der Strecke der festen Skala (vom Skalenanfang bis x). Die Grafik (Abb. 10) veranschaulicht also, dass beim Rechenschieber lediglich zwei Strecken miteinander addiert werden müssen, um eine Multiplikation auszuführen.

Divisionen sind dagegen eher mit Vorsicht durchzuführen. Zuallererst ist es wichtig zu evaluieren, ob der Dividend größer ist (Dividend > Divisor), oder der Divisor den größeren Wert besitzt (Divisor > Dividend).

Ist der Dividend größer, dann genügt es, den Läufer mit dem Dividenden auf der Grundskala (D-Skala) übereinzustimmen. Ähnlich wie bei der Multiplikation schiebt man das Ende der beweglichen Skala nach rechts zum Divisor. Der Quotient ist nun mit dem Läufer auf der beweglichen Skala ablesbar. (Siehe Abb. 11)

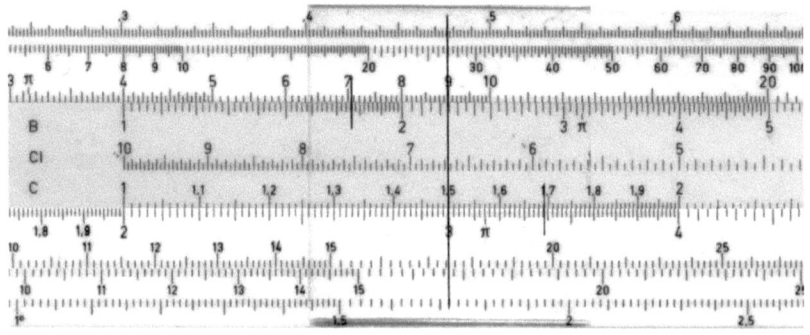

Abbildung 11: Ergebnis von $\frac{3}{2}$. Abzulesen mit dem Läufer auf der beweglichen C-Skala

© Andreas Egger, http://rechenschieber.kesto.de

Etwas schwieriger wird es, wenn der Divisor größer ist. Schiebt man die bewegliche Skala dann nach links, so lässt sich kein Wert mehr ablesen. Des Rätsels Lösung ist relativ simpel. Man schiebt die bewegliche Skala nach links anstatt nach rechts. (siehe Abb. 12)

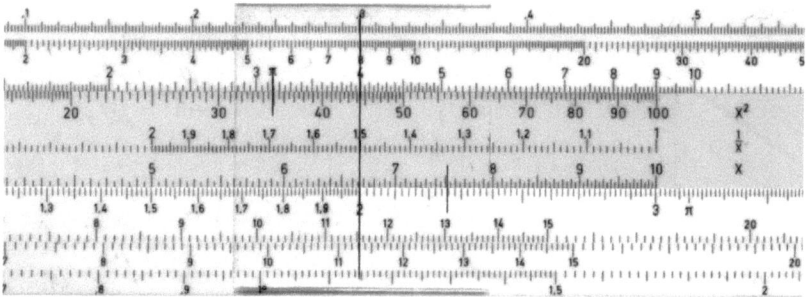

Abbildung 12: Ergebnis von $\frac{2}{3}$. Hier scheint das Ergebnis 6,66 zu sein. Tatsächlich muss man aber auf die Kommapositionierung achten, um $\approx 0{,}66$ als korrekten Wert zu erhalten.

### 5.3.4. Verschiedene Skalen eines Rechenschiebers

Auf einem Rechenschieber wird man nie alle 29 offiziellen Skalen finden, sondern immer nur eine maßgeschneiderte Auswahl. Ein durchschnittlicher Schulrechenschieber besitzt in der Regel nur die wichtigsten zehn davon. Extravagantere Modelle (Bspw. den Faber-Castell Novo-Duplex) werden mit bis zu 15 Skalen ausgestattet. Mehr als 20 Skalen sollte ein Rechenschieber aus optischen Gründen nicht beinhalten. Bereits bei 15 Skalen bedarf es einer auffälligen Färbung, um die Skalen und Details hervorzuheben (siehe Abb. 8).

Jeder Skala wird auf der linken Seite des Rechenschiebers ein Buchstabe zugeordnet. Normalerweise repräsentiert dieser den ersten Buchstaben der Funktion dieser Skala (z.B. $W_1$ für Wurzelskala oder T für Tangensskala) oder der Buchstabe weist eine alphabetische Ordnung auf (Bspw. A,B für die Quadratskalen). Zur Erleichterung für Einsteiger ist auf der rechten Seite des Rechenschiebers auch noch die Funktion angeschrieben.

Dem Begriff „üblicher Zahlenraum" wird in der Tabelle 2 eine ganze Spalte gewidmet, denn es ist unmöglich, einen uniformen Zahlenbereich zu verwenden. Der Anfangswert steht auf der linken Seite und der Endwert auf der rechten Seite des Rechenschiebers. Werte dazwischen stehen logischerweise in der Mitte. Manch einer möge sich fragen, wie man auf solche Werte kommt. Da jede Skala in Abhängigkeit von der Grundskala D erstellt wurde, muss man bloß den Anfangs- bzw. Endwert in die jeweilige Funktion setzen.

Beispiel: Die Skala $W_1$ unterliegt der Funktion $f(x) = \sqrt{x}$. Setzt man den Anfangswert (1) und den Endwert (10) der D-Skala ein, erhält man ungefähr den Zahlenbereich von $W_1$ (1 ... ≈ 3.33).

Zahlenbereiche, die darüber hinausliegen (Bspw. $LL_{03}$), sind vom Hersteller gewollt.

| Skalenbe- zeichnung | Üblicher Zahlenbe- reich | Funktion | Skalenbeschreibung |
|---|---|---|---|
| A | 1 ... 1000 | $x^2 \triangleq D^2$ | Feste Quadratskala |
| B | 1 ... 100 | $x^2 \triangleq C^2$ | Bewegliche Quadratskala |
| C | 1 ... 10 | $x$ | Bewegliche Grundskala |
| CF | $\pi$ ... 1 ... $\pi$ | $\pi x$ | Bewegliche $\pi$-versetzte Skala |
| CI | 10 ... 1 | $x^{-1} \triangleq C^{-1}$ | Reziproke Grundskala |
| CIF | 0,3 ... 1 ... 0,3 | $\dfrac{1}{\pi x} \triangleq CF^{-1}$ | Bewegliche reziproke $\pi$-versetzte Skala |
| D | 1 ... 10 | $x$ | Feste Grundskala |
| DF | 3 ... 1 ... 3 | $\pi x$ | Feste $\pi$-versetzte Skala |
| DI | 10 ... 1 | $x^{-1} \triangleq D^{-1}$ | Feste reziproke Grundskala |
| DIF | 0,3 ... 1 ... 0,3 | $\dfrac{1}{\pi x} \triangleq CD^{-1}$ | Feste reziproke $\pi$-versetzte Skala |
| K | 1 ... 1000 | $x^3 \triangleq D^3$ | Kubenskala |
| L | (0),0 ... (1),0 | $lgx \triangleq lgD$ | Mantissenskala (Charakteristik variabel) |
| $LL_0$ | 1,001 ... 0,01 | $e^{0,001x}$ | Grundexponentialskala |
| $LL_1$ | 1,01 ... 1,105 | $e^{0,01x}$ | Erste Exponentialskala |
| $LL_2$ | 1,10 ... 3,0 | $e^{0,1x}$ | Zweite Exponentialskala |
| $LL_3$ | 2,5 ... 5*$10^4$ | $e^x$ | Dritte Exponentialskala |
| $LL_{00}$ | 0,99 ... 0,999 | $e^{-0,001x}$ | Grundexpsk. Mit negativen Exponenten |
| $LL_{01}$ | 0,99 ... 0,9 | $e^{-0,01x}$ | Erste Expsk. mit negative Exponenten |
| $LL_{02}$ | 0,91 ... 0,35 | $e^{-0,1x}$ | Zweite Expsk. mit negative Exponenten |
| $LL_{03}$ | 0,39 ... 2*$10^{-5}$ | $e^{-x}$ | Dritte Expsk. mit negative Exponenten |
| P | 0,995 ... 0 | $\sqrt{1-(0,1x)^2}$ | Pythagoreische Skala |
| S | 5,5° ... 90° | $\sphericalangle \sin 0,1x$ | Sinusskala bzw. Cosinusskala |
| ST | 0,55° ... 5,5° | $\sphericalangle arc\, 0,01x$ | Bogenmaßskala für kleine Winkel |
| T | 5,5° ... 45° | $\sphericalangle \tan 0,1x$ | Erste Tangensskala (auch cot bzw. $\tan^{-1}$) |
| $T_2$ | 45° ... 84,5° | $\sphericalangle \tan x$ | Zweite Tangensskala (auch cot bzw. $\tan^{-1}$) |
| $W_1$ | 1 ... 3,3 | $\sqrt{x}$ | Erste feste Wurzelskala |
| $W_1'$ | 1 ... 3,3 | $\sqrt{x}$ | Erste bewegliche Wurzelskala |
| $W_2$ | 3 ... 10 | $\sqrt{10x}$ | Zweite feste Wurzelskala |
| $W_2'$ | 3 ... 10 | $\sqrt{10x}$ | Zweite bewegliche Wurzelskala |

Tabelle 2: Die 29 möglichen Skalen eines Rechenschiebers          (Faber Castell 2017| Wikipedia$_2$ 2017)

Erst durch die verschiedenen Skalen erhält der Rechenschieber eine Vielfältigkeit, die moderne Taschenrechner weit übertrifft. Die anknüpfende Aufzählung gibt eine Übersicht über die gängigsten Rechenoperationen und Anwendungen, die ein passabler Rechenschieber in sich beherbergt.

> Die vier Grundrechnungsarten (auch in vereinigter Form, bspw. $\frac{a}{bc}$ oder $\frac{abc}{def}$)
> Wurzelfunktionen ($\sqrt{a}$, $\sqrt[3]{a}$, $\sqrt[10]{a}$, $\sqrt[100]{a}$, sowie $\sqrt[n]{e}$ und allgemein $\sqrt[n]{a}$ )
> Exponentialfunktionen ($a^2$, $a^3$, $a^{10}$, $a^{100}$, sowie $e^n$ und allgemein $a^n$ )
> Logarithmusfunktionen ($\ln(a)$, $\lg(a)$, $\text{ld}(a)$, sowie allgemein $\log_n(a)$ )
> Komplexe Zahlen ($\mathbb{C}$) und somit auch alle von $\mathbb{C}$ eingeschlossenen Zahlenmengen
> Trigonometrische Funktionen ($\sin a$, $\cos a$, $\tan a$, $\cot a$)
> Hyperbelfunktionen ($\sinh x$, $\cosh x$)
> Sinussatz (Cosinussatz umständlicher, aber machbar) und Bogenmaß
> Physikalische Berechnungen (Bspw. Geschwindigkeitsberechnung)
> Umrechnungen (bspw. von Kilo nach Pfund)
> Dreiecksberechnung (Katheten und Hypotenuse)
> .....

(vgl. Faber-Castell 2017)

Mit den meisten der Skalen kann man problemlos rechnen, oft mit nur ein bis zwei Rechenschritten.

Beispiel: Errechne das Ergebnis der $\sqrt{80}$ mithilfe der B-, C-, und D-Skala

Fehlt dem Rechenschieber (wie auch in diesem Fall) die Wurzelskalen, kann man auf andere Skalen ausweichen. Die Quadratskala wird zur „neuen" Dezimalskala, wodurch die D und C-Skala zu einer Quadratwurzelskala umfunktioniert werden. $\sqrt{80}$ kann man in $\sqrt{8} * \sqrt{10}$ aufspalten. Nun schiebt man den Läufer jeweils auf die Werte 8 und 10 der B-Skala. Für 8B erhält man ungefähr den Wert 2,83 und für 10B den Wert 3,16. Nun multipliziert man die beiden Werte miteinander (ein einfacher Vorgang beim Rechenschieber; vgl. Abb. 10). $\sqrt{80} = 2,83 * 3,16 \approx 8,96$ Überprüfung durch den Taschenrechner: 8,9442...

Andere der angeführten Anwendungen lassen sich ohne eine genaue Beschreibung gar nicht ausführen. Zumindest sollte man sich zuvor einlesen, denn z.B. die Hypotenusenberechnung ist für Anfänger äußerst kompliziert und erfordert sieben Rechenschritte.

# 6. Mathematiktestung an einer österreichischen Volksschule

Zweifellos macht es Freude, mal mit einigen anderen Rechenverfahren zu arbeiten, doch mit der Zeit wundert man sich: „Warum lernt man diese Methode nicht in der Schule?" Berechtigte Frage, denn in einer Vielzahl der alternativen Rechenverfahren erkennt man Vorteile gegenüber unseren Standardverfahren. Würde es also sinnvoll sein, wenn man schon von klein auf neben den Standardverfahren zusätzlich eine alternative Variante erlernt? Oder gänzlich auf herkömmliche Methoden verzichtet?

Mit einem ganzen Repertoire an Fragen und Mathematik-Aufgaben durfte ich am 6. Februar 2017 in der Volksschule Radenthein ein dreistündiges Experiment und anschließend ein halbstündiges Expertengespräch durchführen. Austragungsort war eine 4. Klasse und 19 Schüler nahmen teil (zehn Buben und 9 Mädchen). Ziel war es, festzustellen, wie die Schülerschaft auf neuartige Dinge wie den alternativen Rechenverfahren reagiert und sie an die Grenzen ihrer Belastung zu bringen. Vor jedem Arbeitsblatt wurde den Schülern der Inhalt nähergebracht. Ich ließ einige Schüler an der Tafel vorrechnen und schuf Verständnisfragen aus der Welt. Problematisch wurde die Tatsache, dass die Volksschüler vor meinem Besuch nur zweistellige Zahlen miteinander multiplizieren konnten. Zusammen mit dem Volksschullehrer versuchte ich ihnen diese Fähigkeit zu vermitteln.

Als eine Art „Nachbesprechung" diente mir das Expertengespräch mit dem Klassenlehrer, Herrn Dieter Walcher, welcher vor acht Jahren auch mein Volksschullehrer gewesen war.

## 6.1. Experimentsaufbau

Das Experiment war in drei Arbeitsblätter unterteilt. Das erste Aufgabenblatt half bei der Gruppenzusammenstellung, das zweite behandelte die Russischen Bauernmultiplikation und das dritte beschäftigte sich mit der Japanische Multiplikation.

### 6.1.1. Gruppenzusammenstellung

Neun Aufgaben galt es zu lösen, wobei die letzte Aufgabe (ein Textbeispiel) dreifach zählte. Die anderen Aufgaben entsprachen der gewohnten Manier, soll heißen: Multiplikation von zwei-, drei- und vierstelligen Zahlen.

Gewertet wurde nach Zeit, also wie lange ein Schüler für das gesamte Blatt benötigt hat. Abgegeben werden konnte jederzeit, auch wenn man einige Aufgaben unbeantwortet ließ. War das Ergebnis einer Rechnung falsch (oder nicht ausgefüllt), so wurde die Aufgabe als Fehler beurteilt. Pro Fehler wurde zur Zwischenzeit (Zeit Start-Abgabe) 10% der Zwischenzeit dazugezählt. Hat ein Schüler zum Beispiel 100 Sekunden benötigt und 3 Fehler fabriziert, beträgt seine reale Zeit gemäß der Formel

$$Reale\ Zeit = Zwischenzeit + 0{,}1 * Zwischenzeit * Fehler$$

$$Reale\ Zeit = 100 + 0{,}1 * 100 * 3 = 130s$$

Dahinter steckt die Überlegung, dass der Schüler jene Zeit, die er zur Lösung der Aufgabe benötigt hätte, als Zeitstrafe gutgeschrieben bekommt. Kritiker des Systems könnten behaupten: „Dann ist man ja am besten dran, wenn man sofort abgibt". Dem ist aber nicht so, denn ist weniger als die Hälfte der Aufgaben (Anzahl = 5) richtig, gilt der Test als missglückt.

Mithilfe des ersten Aufgabenblatts war es mir möglich, zu sehen, welche Schüler mit den Standardverfahren Probleme haben. Unterstützt von einer selbsterstellten Excel-Arbeitsmappe trennte ich folgendermaßen Spreu vom Weizen...

Es mussten für die anderen zwei Arbeitsblättern vier Gruppen (A,B,C,D) gebildet werden. Zwei (A,C) mit jeweils leistungsstärkeren und zwei (B,D) mit eher leistungsschwächeren Kindern. Jene, die beim ersten Test mehr als 6 Fehler hatten, wurden automatisch der leistungsschwächeren Einheit zugeordnet. Ansonsten trennte ich die besseren Zeitwerte von den schlechteren und ordnete ihnen die richtige Gruppe zu. Je zwei Gruppen wurden deshalb gebraucht, da eine der beiden Gruppen mit alternativen Rechenverfahren arbeitete, während die andere als Kontrollgruppe fungierte.

## 6.1.2.  Russische Bauernmultiplikation

Für die Russische Bauernmultiplikation mussten nur drei Rechenaufgaben gelöst werden. Gruppe C und D rechneten mit den Regeln der Russischen Bauernmultiplikation und Gruppe A und B versuchten als Kontrollgruppe ihr Glück mit den herkömmlichen Verfahren.

## 6.1.3.  Japanische Multiplikation

Ähnlich wie bei der Russischen Bauernmultiplikation gab es nur drei Aufgaben zu lösen. Diesmal verwendeten jedoch Gruppe A und B die alternative Rechenmethode und die anderen beiden Gruppen die Standardverfahren.

## 6.2.  Ergebnis des Experiments

Vor der Auswertung des eigentlichen Experimentes sind mir bei dem Arbeitsblatt zur Gruppenzusammenstellung interessante Daten aufgefallen, weswegen ich diese zuerst deuten möchte. Aus Eigeninteresse wies ich die Schüler dazu an, stets ihr Geschlecht auf das Blatt zu schreiben, was mir nun einen Geschlechtervergleich ermöglicht. Der Chancengleichheit wegen lässt sich nur das erste Arbeitsblatt (Gruppenbildung) vergleichen.

Schon beim Ablauf des Experiments stellte ich fest, dass die Mädchen viel schneller rechneten als ihre männlichen Mitschüler. Auch war ihre Schrift im Durchschnitt viel sauberer und ansehnlicher. Auch das Boxplot aus der Grafik 13 spricht deutlich für die Schülerinnen. Ihre Realzeit (Fehler miteinberechnet) ist durchschnittlich um 63 Sekunden niedriger als die der Burschen. Die Standardabweichung (Diskrepanz) ist bei den Burschen dagegen um rund 100 Sekunden niedriger, das heißt, dass einige Mädchen herausragende Ergebnisse haben und andere Schülerinnen wiederum vergleichsweise sehr schlecht abgeschnitten haben.

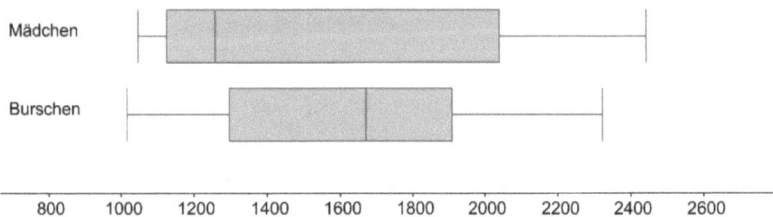

Abbildung 13: Vergleich zweier Boxplots – getrennt nach Geschlecht und abhängig von der realen Zeit (in Sekunden)
© Andreas Egger

Die Ehre der Buben kann aber durch ihre äußerst geringe Fehleranfälligkeit gerettet werden. Durchschnittlich haben die männlichen Schüler zwar nur einen Fehler weniger als die Mädchen, doch schaffte es einer sogar, gar keinen Fehler zu machen. (siehe. Abb. 14)

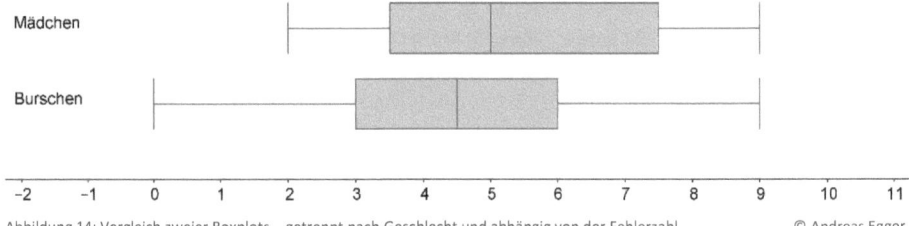

Abbildung 14: Vergleich zweier Boxplots – getrennt nach Geschlecht und abhängig von der Fehlerzahl          © Andreas Egger

Mit den alternativen Rechenverfahren gab es beim Auswerten insofern Schwierigkeiten, weil so gut wie keines der Kinder auch nur eine Aufgabe richtig lösen konnte. Fehlerquelle dafür war in den meisten Fällen leider das simple Zusammenzählen der Zwischenergebnisse. Den Ansatz der Russischen Bauernmultiplikation und der Japanischen Multiplikation verstanden alle Kinder und führten die Operationen bis zu den Additionen auch richtig aus. Würde man von dieser Art von „verkraftbaren" Fehlern hinwegsehen, so hätten ≈ 20% der Schüler mindestens ein richtiges Ergebnis (und das beim ersten Versuch!).

Auch der Klassenlehrer, Herr Dieter Walcher, versicherte mir, dass mit mehr Zeit und Übung die Kinder in einigen Wochen bis Monaten die alternativen Rechenverfahren auf demselben Niveau wie die Standardverfahren beherrschen würden. Zudem sei der Test für die Kinder etwas zu schwierig gewesen. (vgl. Expertengespräch)

36

## 6.3. Nachbesprechung des Experiments

Im Gespräch mit Herrn Dieter Walcher, dem Klassenlehrer jener 4. Klasse, wurde das Experiment nochmal im Detail besprochen. Herr Walcher setzte mich des Weiteren über seine didaktischen Ansichten in Kenntnis und deutete den Gemütszustand seiner Schüler während des Experiments.

Das Expertengespräch ist in den nachfolgenden Abschnitten kurz zusammengefasst. (vgl. Expertengespräch)

Herr Walcher war mit dem Experiment insgesamt zufrieden, er hätte sich aber entweder einen leichteren Test oder mehr Vorbereitungszeit gewünscht. Die Volksschüler hätten bei der durchgeführten Testung leider nicht ihr volles Potential entfalten können. Nur zwei- bis dreimaliges Wiederholen der Materie, würden laut Walcher zu besseren Ergebnissen führen.

Außerdem müsse man neuen Lerninhalt mit kleineren Schritten vermitteln. Kinder seien vorwiegend optisch orientiert. Das heißt, dass es sich auf die Kinder überträgt, wenn man ungenau schreibe oder zeichne. Ohne entsprechendem Umfeld seien die Kinder sehr schlampig, da sie noch keine innere Ordnung besitzen. Das Experiment habe beispielsweise kein Raster enthalten, was eine große Auswirkung auf die Kinder gehabt habe.

Walcher weist auch darauf hin, dass die Kinder eine klare Anleitung brauchen. Manchmal, möglicherweise auch bei diesem Experiment, helfe auch die beste Erklärung nichts, wenn die Kinder von optischen Eindrücken überfordert sind (Bspw. Erklärung der Japanischen Multiplikation auf einer karierten Tafel).

Zudem sieht Walcher eine deutliche Querverbindung zwischen Mathematik und Sprache. Schüler, welche im sprachlichen Bereich Defizite aufweisen, tun sich auch im Mathematikunterricht schwer. (Auch beim Textbeispiel der Gruppenauswahl konnte das beobachtet werden)

Zu guter Letzt legte mir Herr Walcher seine persönlichen Erfahrungen mit den Standardverfahren offen. In der Regel seien herkömmliche Verfahren leicht zu vermitteln, nur ein paar Tage bis Wochen sind aufzubringen, bis die Schüler alles verstehen. Das Verständnis spiele dabei die wichtigste Rolle. Ohne lückenloses Fundament werden alle aufbauenden Lernprozesse unterbrochen. Von Schüler dürfe man nicht erwarten, dass sie plötzlich die Erleuchtung haben. Man müsse in die junge Generation sehr viel Zeit und Geduld investieren.

# Literaturverzeichnis

Bundesministerium für Bildung: Lehrplan Mathematik, 2003

Czernik, Agnieszka, 2016; Online: https://www.datenschutzbeauftragter-info.de/was-ist-ein-algorithmus-definition-und-beispiele/, [01.01.2017]

Dähn, G.: Mathematik für Grundschullehrer. Ein Fernstudiengang. E11 Algorithmen, schriftliche Rechenverfahren, 1974

Dürr, Hannah: Der Rechenschieber und seine Funktionsweise, 2001

Faber-Castell: Bedienungsanleitung für den Novo Duplex 2/83N; Online: http://www.rechenschieber.org/FC_2_83_N.pdf, [12.02.2017]

Focus, 2015; Online: http://www.focus.de/wissen/videos/genial-einfach-13x12-trick-mit-dem-japanischen-kinder-kniff-multiplizieren-sie-einfach-wie-nie_id_5095176.html [17.02.2017]

Gonas, Georgios / Gürsoy, Erkan: Schriftliche Rechenverfahren interntional; Online: https://www.unidue.de/imperia/md/content/prodaz/schriftliche_rechenverfahren_international.pdf, [10.01.2017]

Gorski, Hans-Joachim / Müller-Philipp, Susanne: Leitfaden Arithmetik. 2. Überarbeitete Auflage. Wiesbaden: Vieweg, 2004

Grote, Julia: Algorithmen der Grundrechnungsarten in verschiedenen Ländern, 2006

Ernst, Hartmut: Vortrag 3: Wer hat eigentlich die Multiplikation erfunden?, 2008

Kock, Andreas: Rechnen ohne Rechner: Vedische Multiplikation, 2014; Online: http://www.rechberg-gymnasium-donzdorf.de/fileadmin/user_upload/Lehrer-Uploads/mathematik/RoR/Urdhva_tiryag.pdf

Krauthausen, Günter: Kopfrechnen, halbschriftliches Rechnen, schriftliche Normalverfahren, Taschenrechner: Für eine Neubestimmung des Stellenwertes der vier Rechenmethoden, 1993

N1ob (Username), 2006; Online: https://www.html.de/threads/php-c-heron-verfahren-mit-diversen-programmiersprachen.11474/, [05.01.2017]

Plunkett, Stuart: Wie weit müssen Schüler heute noch die schriftlichen Rechenverfahren beherrschen?, 1987

Gebrüder Reichenbach: Allgemeines deutsches conversations-lexicon für die gebildeten eines jeden standes, 1840

Sonar, Thomas: Die Berechnung der Logarithmustafeln durch Napier und Briggs, 2004

Wikipedia1; Online: https://de.wikipedia.org/wiki/Veda, [01.02.2017]

Wikipedia2; Online: https://de.wikipedia.org/wiki/Rechenschieber, [12.02.2017]

Winter, Heinrich, 2001; Online: http://grundschule.bildung- rp.de/lernbereiche/mathematik/wissenschaftliche-artikel/inhalte-mathematischen-lernens/algorithmus.html, [01.01.2017.]

Ziegenbalg, Jochen / Oliver / Bernd: Algorithmen von Hammurapi bis Gödel. 4. Auflage, 2016

# Abbildungsverzeichnis

# Anhang

## Experiment-Gruppenauswahl

### Mathematik-Testung
### Thema: Alternative Rechenverfahren

Radenthein, 06.02.2017
Volksschule Radenthein, Fischerstraße 16

## Auswahlverfahren zur Gruppenbildung

Zweistellig:

$74 * 89$        $54 * 32$        $66 * 91$

Dreistellig:

$385 * 752$        $780 * 457$        $628 * 509$

Vierstellig:

$4849 * 8227$        $9852 * 5305$

Wie viele Minuten hat ein Jahr? (Kein Schaltjahr) Berechne.

40

# Experiment-Russische Bauernmultiplikation

## Mathematik-Testung
## Thema: Alternative Rechenverfahren

Radenthein, 06.02.2017
Volksschule Radenthein, Fischerstraße 16

## Russische Bauernmultiplikation

| 56 * 37 | | Restergebnisse |
|---|---|---|
| 56 | 37 | ~~37~~ |
| 28 | 74 | ~~74~~ |
| 14 | 148 | ~~148~~ |
| 7 | 296 | 296 |
| 3 | 592 | 592 |
| 1 | 1184 | 1184 |
| Produkt: | | 2072 |

| 44 * 87 | | Restergebnisse |
|---|---|---|
| | | |
| | | |
| | | |
| | | |
| Produkt: | | |

| 162 * 931 | | Restergebnisse |
|---|---|---|
| | | |
| | | |
| | | |
| | | |
| | | |
| Produkt: | | |

| 238 * 1167 | Restergebnisse |
|---|---|

# Experiment-Japanische Multiplikation

Konnte aufgrund des Layoutwechsels (von Quer- auf Hochformat) nicht hinzugefügt werden

# Expertengespräch

Expertengespräch mit dem Volksschullehrer Dieter Walcher, aufgenommen am 6.2.2017:

**Andreas Egger:** Wir haben nun das Experiment durchgeführt, gibt es irgendwelche Anmerkungen ihrerseits? Ist Ihnen irgendetwas aufgefallen im Vergleich zum normalen Unterricht?

**Dieter Walcher:** Vorweg gesagt: Die Beispiele sind vom Niveau her sehr hoch angesetzt gewesen. Wenn man solch komplexe Aufgaben in der Grundschule stellt, sollte man einen kleineren Zahlenraum verwenden. Eventuell vorab kleinere Unterrichtseinheiten zu diesem Thema abhalten und nicht alles an einem Tag machen. Um bessere Ergebnisse zu erzielen, sollte man die Kinder speziell auf diese Methoden trainieren, oder sie zu Hause üben lassen.

**Andreas Egger:** Also glauben Sie, dass in den Kindern noch sehr viel mehr Potenzial steckt?

**Dieter Walcher:** Auf jeden Fall, also so wie ich die Kinder kenne, würden sie nach zwei- dreimaligem Wiederholen viele dieser Beispiele auch lösen können.

**Andreas Egger:** Am besten immer klein anfangen und darauf aufbauen?

**Dieter Walcher:** Genau. Die Frage stellt sich natürlich immer, wie baue ich den neuen Lerninhalt auf? Die Kinder sind da sehr optisch orientiert. D.h. wenn man an der Tafel ungenau schreibt oder zeichnet, überträgt sich das auf die Kinder – auch bei diesem Arbeitsblatt, denn Volksschulkinder sind es gewohnt, im Raster zu schreiben. Ist ein solches Umfeld nicht gegeben, so werden viele Kinder schlampig, weil sie noch keine innere Ordnung besitzen. Das kann zur Folge haben, dass die Kinder Zahlenstellen in andere Spalten schieben etc. Sie können dann zwar den Lösungsweg nachvollziehen, das Ergebnis ist aber trotzdem falsch.

**Andreas Egger:** Die Kinder wollen quasi nicht aus dem bekannten Schema herausgerissen werden?

**Dieter Walcher:** Kinder brauchen auf jeden Fall eine klare Anleitung, das ist von dir gut erklärt worden, aber zum Beispiel die Erklärung zur japanischen Multiplikation war auf einer karierten Tafel alles andere als vorteilhaft. Die Schüler wurden davon wahrscheinlich schon optisch überfordert. Es bedarf also einige didaktische Verbesserungen.

**Andreas Egger:** Die Hauptaufgabe der Schule ist es, die Schüler vom Kopfrechnen zu den schriftlichen Rechenverfahren zu geleiten. Stimmen Sie dem zu? Wie sehen Sie den Einsatz von Taschenrechner in diesem Zusammenhang?

**Dieter Walcher:** Unsere Aufgabe ist es, wie gesagt, die Schüler zu den schriftlichen Rechenverfahren zu bringen. Anwendungen mit dem Taschenrechner kommen eher zum Schluss und sind zum Spaß gedacht. Im Lehrplan wird der Taschenrechner ohnehin ausgespart und ist in diesem Sinne nicht vorgesehen.

**Andreas Egger:** Sind sie vor dem Experiment schon einmal mit alternativen Rechenverfahren in irgendeiner Form in Berührung gekommen?

**Dieter Walcher:** Vor zwei Jahren beehrte uns eine Doktorin der Universität Klagenfurt, welche kärntenweit und flächendeckend eine Überprüfung durchgeführt hat. Im Rahmen eines neuen Unterrichtsprogrammes wurden ebenfalls alternative Rechenverfahren gelehrt. Allerdings auf niedrigerem Niveau und in leicht abgeänderter Form. Die Intention dahinter war, dass die Kinder lernen, dass es nicht nur einen Lösungsweg gibt, sondern mehrere. Bei uns an der Schule wird die angesprochene Unterrichtsform bereits jetzt schon verwendet. Ein Beispiel dafür wäre „die Kraft der Fünf".

**Andreas Egger:** Wenn sie versuchen, den Schülern die herkömmlichen Rechenverfahren beizubringen, was fällt Ihnen auf? Was ist besonders schwer, den Kindern zu vermitteln?

**Dieter Walcher:** Wir bemerken, dass Kinder, die Defizite im sprachlichen Bereich haben, sich auch im Mathematikunterricht (besonders bei Textaufgaben) schwertun. Es gibt also definitiv eine Querverbindung zwischen Textverständnis und Anwendung. Ein Volksschüler, der beispielsweise tadellos die vier Grundrechnungsarten beherrscht, kommt mit Textaufgaben nicht zurecht.

**Andreas Egger:** Wie lange dauert es, bis ein Durchschnittsschüler die Standardverfahren auf einem annehmbaren Level beherrscht?

**Dieter Walcher:** Das kommt ganz auf den Schüler an. Allgemein kann man aber sagen, dass es ein paar Tage bis Wochen dauert, bis es alle Kinder verstanden haben. Schwächere Schulkinder brauchen natürlich etwas länger. Kompensieren lässt sich das nur mit viel Übung. Auch das Verständnis spielt eine große Rolle. Wenn dieses nicht vorhanden ist, verliert der Schüler sein Wissen binnen weniger Monate wieder. Wenn der Schüler aber den Weg verstanden hat, so kann er Erlerntes auch noch nach mehreren Monaten anwenden.

**Andreas Egger:** Zuletzt haben wir bei der japanischen Multiplikation eine stark visuelle Form der Mathematik kennengelernt. Als ich einige Kinder auf der Tafel vorrechnen ließ, versicherten sie mir nach einigen Minuten, dass diese Methode leicht zu verstehen ist. Könnte dies damit zusammenhängen, dass Kinder sich andere Darstellungsformen besser vorstellen können?

**Dieter Walcher:** Ja, aber es sind nicht alle Kinder visuell begabt. Oftmals merken wir in Zusammenarbeit mit Schulpsychologen, dass Kinder in solchen Teilbereichen Probleme haben. Mithilfe von Übungen versucht das Schulpersonal laufend in diesen Ebenen nachzubessern.

**Andreas Egger:** Abschließende Bemerkung?

**Dieter Walcher:** Ich will noch einmal explizit darauf hinweisen, dass die Volksschule ausschließlich dazu dient, bei den Kindern ein grundlegendes Fundament aufzubauen. Dieser Prozess beansprucht allerdings sehr viel Zeit – wir reden hier über einen Zeitraum von mehreren Monaten – und besonders gefährlich wird es, wenn ein solches Fundament löchrig ist. Man darf nämlich keineswegs erwarten, dass in der dritten oder vierten Klasse die Schüler plötzlich in den Genuss eines Aha-Erlebnisses kommen. Die Aufgabenstellungen im mathematischen Bereich sind in den letzten Jahren zunehmend facettenreicher und komplexer geworden.